秘制酱料
450 例

生活新实用编辑部　编著

江苏凤凰科学技术出版社·南京

图书在版编目（CIP）数据

秘制酱料450例/生活新实用编辑部编著. — 南京：
江苏凤凰科学技术出版社, 2021.5（2024.9 重印）
（寻味记）
ISBN 978-7-5713-1613-6

Ⅰ. ①秘… Ⅱ. ①生… Ⅲ. ①调味酱 – 制作 Ⅳ.
①TS264.2

中国版本图书馆CIP数据核字(2020)第260156号

寻味记
秘制酱料450例

编　　　著	生活新实用编辑部	
责 任 编 辑	祝　萍　洪　勇	
责 任 设 计	蒋佳佳	
责 任 校 对	仲　敏	
责 任 监 制	方　晨	

出 版 发 行	江苏凤凰科学技术出版社
出版社地址	南京市湖南路1号A楼，邮编：210009
出版社网址	http://www.pspress.cn
印　　　刷	佛山市华禹彩印有限公司

开　　　本	718 mm×1 000 mm　1/16
印　　　张	14.5
字　　　数	200 000
版　　　次	2021年5月第1版
印　　　次	2024年9月第5次印刷

标 准 书 号	ISBN 978-7-5713-1613-6
定　　　价	45.00元

图书如有印装质量问题，可随时向我社印务部调换。

酱料用对了，
做什么菜都好吃

　　酱料是美食的灵魂伴侣，酱料用对了，能成全一道道美食。因此，酱料调味往往关系到做菜的成败。其实酱料的调制并不难，关键要知道原理并且掌握正确的方法。打开这本书，你就可以轻松探寻神秘的酱料国度，解密各国的特色酱料，足不出户也能顺着味蕾的指引，悠然感受世界各地的美妙滋味在你的舌尖上舞蹈。

　　美好的味道人人都喜欢。在这个信息爆炸的年代，很多人都能通过网络轻而易举地找到各式酱料的做法，但正是因为信息爆炸，往往搜寻一种酱料就会找到几十个配方，让人不知如何取舍，反而要花更多的时间和精力去整理和试验。因此，我们特意邀请数位美食专家精心打造了这本书。书中特别整理了世界各地最经典、最常用、最美味的450种酱料秘方，中式、西式、日韩式、东南亚式一应俱全，甜味、咸味、酸辣味、水果味……全方位满足你的味蕾。同时附有近100道示范料理，学会制作一种美味酱料的同时，还能学会与之完美搭配的经典美食，一举多得。

　　希望广大读者在读完这本书以后，能够在做菜的过程中更好地去运用各种酱料，让菜肴变得更加美味。用对了酱料，即便是厨房新手，也能够轻松做出一桌好菜！

目录

9

探寻神秘的
酱料国度

　　一般对酱料的定义，就是调味食物的材料。但从感性角度来讲，说咖啡是酱料一点也不为过，因为咖啡不但可以调味生活，同时也可以拿来调味菜肴。既然咖啡都可以算是调味生活的酱料，那么酱料的成员就很复杂了。

　　据统计，全世界可以被称之为"正统酱料"的，大概有450种之多。所谓"正统酱料"，就是人类在烹调时普遍使用的常规酱料。另外还有许多个人研究的偏方、特定品牌的酱料，以及不常用但有特色的酱料，比如利用咖啡来调制的酱料等，总共超过1800种。这么多种酱料，一直没有被系统地归类。为什么在厨房里扮演重要角色的酱料一直被大家忽略呢？

　　酱料不常被提起的最重要的原因就是它一直被厨师视为独家秘方，像这样的秘方是不会轻易公诸于世的。我们常常在电视上看到许多厨师侃侃而谈，教大家如何烹调一道知名料理，但是一说到酱料，通常都是一语带过。所以往往你在自家的厨房里，无论怎么照着电视上教的步骤练习，做出来的料理就是味道不对，原因很简单，就是因为你还不懂酱料。

　　有一句话说得很好：好的酱料让你感觉不出它的存在。如果酱料让你觉得食物太甜或太咸，就表示放错了。真正好的酱料是让你觉得食物变得好吃，却说不出为什么。尽管如此，我们仍在努力，试图在众多料理中，找寻出美味的真正源头。希望在酸甜苦辣咸的味觉世界里，让酱料的身世真相大白。

　　放眼饮食天地，当人们厌倦一种口味时，新的口味就开始流行，酱料国度的版图也就会跟着延伸。酱料国度的版图究竟有多大呢？不亲身经历，你绝对无法体会，酸甜苦辣咸的排列组合，可以造就出那么多样的美妙滋味。希望通过我们用心地介绍，可以让你了解酱料，学会制作酱料，更能体会酱料的神奇魔力。

常用厨房粉类你认识几种

粉类名称	说　明	常制作的产品
高筋面粉	又称高粉、强力粉，筋度大、黏牲强，制成品较有弹性和嚼劲	面包类
中筋面粉	又称中粉、中力粉、多用途面粉、万用面粉，中式点心及面点常用的面粉，对制成品的口感没有特别要求的，就可以使用	中式面点
低筋面粉	又称低粉、薄力粉，筋度低、黏度也较低，适合用来做蓬松、柔软的烘焙食品	蛋糕类
酵母粉	分为新鲜酵母、干酵母、速溶酵母3种，新鲜酵母剥碎直接加入面团中；干酵母以30℃以下的温水溶解后再加入面团中；速溶酵母可以直接加入面团中，也可以溶解后再加入	面包、馒头类
泡打粉	又称发粉、B.P粉、速发粉、泡大粉，用在需要膨胀松软且有大量油与糖分的面糊中	蛋糕类
小苏打粉	又称苏打粉、B.S、碳酸氢钠、梳打粉、重曹，虽可算是烘焙的膨大剂，但通常拿来做烘焙中和剂用，用来中和配方中的酸性材料	巧克力口味产品
吉利丁	又称作动物胶或明胶，口感软绵、有弹性、保水性好，透明感中等，溶解温度在50~60℃，凝固点在10℃以下	果冻、奶酪
淀粉	市面上有两种淀粉，一种是红薯制成的淀粉，另一种是土豆制成的淀粉，勾芡时使用土豆淀粉效果较好	多用于热炒或羹汤的勾芡
琼脂	又称作琼胶，溶解温度为95℃，凝固点为40℃，成品口感坚韧，富有弹性，透明度高	果冻、琼脂冻
果冻粉	将调味粉、砂糖、胶冻粉等调和浓缩成干燥的即溶粉末	果冻、茶冻、咖啡冻
玉米粉	用玉米提炼出来的淀粉，略带甜味，在调水加热之后会有凝胶浓稠的特性	卡仕达酱、奶油布丁馅、奶冻
澄粉	又称汀粉、澄面，有黏度与弹性，多用于制作中式点心的外皮	具有透明感和弹性的中式点心外皮
粘米粉	又称作大米粉、籼米粉，黏性较小，制成的糕点组织较为松散，而制成的点心皮弹性也没那么好	组织松软的中式糕点，例如萝卜糕、碗粿
糯米粉	黏度比粘米粉高，做出来的成品黏度与弹性也比粘米粉高些	弹性较高的中式点心，例如年糕、汤圆、麻糬、红龟粿
卡仕达粉	又称吉士粉、蛋黄粉	奶油馅
SP	蛋糕乳化剂的通称，可以促进油、水混合起泡蓬松，增大蛋糕体积，增加蛋糕泡沫的稳定性，改善蛋糕的质地	蛋糕类
糖粉	颗粒非常细，有3%~10%的淀粉填充物，可当成材料使用，也可作为点心装饰	蛋糕、甜点、饼干
红薯粉	俗称地瓜粉，为红薯根部的淀粉	制作具有黏度和弹性的点心，例如娘惹糕

调制酱料必备器材

←磅秤
调酱时使用的小型磅秤，称量前要看一下指针是否归零，并且放在平稳的地方。称量酱之前要记得减掉量碗的重量。

←烹调用刷
具有耐热功能的刷毛，可以让你放心地在料理食材上刷酱料。

←小型搅拌棒
好拿又好用的搅拌棒，可以让你轻松地调制酱料，也可以拿来当热饮搅拌棒，用途相当广。

→带盖量杯
有盖子的量杯更方便调酱，将需要的基本酱汁全部倒入后，盖上橡胶盖，上下摇匀，就轻松完成所需要酱料的制作了。此外，用不完的酱汁也可以用它装起来放进冰箱保存。

→塑料量匙
分为大匙、小匙（茶匙）、1/2小匙（茶匙）、1/4小匙（茶匙），4件装。

→蒜头剥皮器
剥蒜头是费时而恼人的一件事，偏偏蒜头的美味又让人不忍割舍，有了这个剥皮器可以帮你轻松剥干净蒜头而不会满手蒜味。

←量杯
常见的有3种材质：树脂、玻璃和不锈钢，容量通常为200毫升。选购时以刻度清楚易见、耐热性高的为佳；计量时要将量杯放在水平处，眼睛和刻度线保持在同一水平线上，这样量出来的分量才是准确的。

调制酱料前需要准备一些基本工具，帮助你掌握酱料的材料用量；同时也要明确量杯、量匙之间的换算方式，才能保证看到食谱上面满满的度量符号时不会一头雾水。需要注意的是，我们在调配水和油时要了解它们的密度是不同的，所以就算相同体积的水和油，它们的重量也会不一样。

大集合

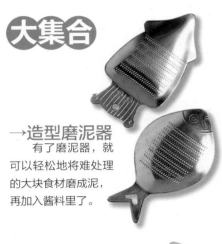

→**造型磨泥器**
有了磨泥器，就可以轻松地将难处理的大块食材磨成泥，再加入酱料里了。

↑ **扇形研磨器**
这是一款特制鲨鱼皮研磨器，可以把芝麻等种子类的材料磨成粉。

→**挤柠檬器**
这个工具可以轻松地挤出柠檬汁，免去柠檬汁沾手的麻烦，又可以避免柠檬籽掉到酱料里。

换算单位轻松记

容积换算表

| 1000毫升 =1升 |
| 240毫升 = 1量杯 |
| 15毫升= 1大匙 |
| 5毫升=1小匙 |
| 2.5毫升= 1/2小匙 |
| 1.25毫升 =1/4小匙 |
| 1杯=16大匙 |
| 1大匙=3小匙 |

重量换算表

| 1千克=1000克 |
| 1斤=500克 |
| 1两=50克 |
| 4两=200克 |
| 1磅=454克 |

	1量杯	1大匙	1小匙
水	240毫升	15毫升	5毫升
油	240毫升	15毫升	5毫升
面粉	120克	7.5克	2.5克
盐		15克	5克
白糖		9克	3克
细砂糖		12克	4克

中式酱料篇

中式酱料的**基本材料**

盐和糖通常被认为是两种不可调和的调料。其实当我们制作酱料的时候，一般只在放了糖的情况下才会放盐。换句话说，盐是用来提味的，可以让酱料里面的酸甜味更明显。酱料里的咸味大都来自酱油或豆瓣酱一类的材料，加太多盐只会让酱料吃起来"死咸"，破坏酱料本身的美味。调制油分比较多或是甜的酱料时，也可以放一点盐，让油类酱料吃起来不那么油腻，甜的酱料吃起来也不会过甜。还有一个用盐的原则是，如果调料时用的是酱油膏，这时就要避免用盐或少用盐，以免调出来的酱料过咸。

味精在现代并不是很受欢迎。其实在酱料国度里，味精还是被经常使用的，只不过所使用的味精从传统的化学味精，转变成了天然的柴鱼味精。调制酱料的时候并不是直接把柴鱼味精和所有材料一起调匀即可，因为柴鱼味精要经过烹煮才会入味。也就是说，只有需要熬煮的酱料，才能加入柴鱼味精。如果不能接受味精的话，可以加入适量冰糖和柴鱼屑及其他材料一起熬煮酱料，也有同样的效果。

糖也是调制酱料时非常重要的一种材料。一般最常使用的有砂糖、细砂糖、绵白糖、果糖、蜂蜜、麦芽糖等。如果酱料需要熬煮的话，最好用砂糖(赤砂糖)，因为砂糖经过熬煮后会有一种略带焦味的糖香，可以让酱料多一种自然风味。如果酱料只是加水调匀不经熬煮，绵白糖的效果会比较好，因为容易溶解。果糖最常被用来加在一些水果调制的酱料里，比如鳄梨酱或劲道苹果酱等，因为果糖的味道和水果酱料的味道最契合。蜂蜜大都被用来制作一些带有花香或植物香味浓郁的酱料，比如桂花酱或芥末酱。而当食物需要光亮色泽时，则最好用麦芽糖来调制酱料，因为麦芽糖有光泽、黏性重。比如广东油鸡淋酱就很典型，是利用麦芽糖的光泽和黏性的酱料，让广

东油鸡看起来更油更亮。以上的用糖方式，大家在实际使用中可以掌握一个原则，就是以食物想表达的风味来决定要用哪种糖。如果制作的酱料想让食物表达出焦香的糖味，最好用砂糖；如果想表达出水果风味，最好用果糖；依此类推。

五香粉是烹饪中常用的香料，其实它本身除了香味，吃起来是没有味道的，所以主要用来提味。例如在油炸食物中撒一点五香粉，或在食物的内馅中拌入五香粉，食物本身的味道就会突显出来，而不会被油味或面皮的味道掩盖住。调制酱料时，要注意把五香粉调开，如果是浓稠的酱料，五香粉不容易化开，可以先用水或米酒调开再加入酱料。五香粉不需加热就很香，用量不宜过多，否则会因为香味太浓而破坏食物的美味。

甘草粉、肉桂粉、陈皮、八角、茴香粉

这些中药调味料一般在中药店就可以买到，而且价格很便宜。这些调味料用来调制酱料时一定要煮过，味道才会释放出来；但是一定要注意不能放太多或煮太久，不然会让酱料产生浓烈的药味，反而很难入口。除了甘草粉外，一般在制作肉类调味料的时候才会用到这些口味比较重的材料。至于甘草粉，多拿来做米酱一类带有甜味的酱料。

花生粉

在许多自助火锅的酱料台上很常见。因为是粉末，花生粉可以吸收酱料中的水分，增加酱料的浓稠度；而花生的香味很浓，可以中和许多刺激较强的调味料，有缓和味觉过分刺激的作用。不过，有些酱料就是要清淡才能够衬托食物的原味，如涮肉片、白煮肉等，这时候加花生粉就不太适合了。

粘米粉、淀粉

在许多酱料中都会用到，或加入粘米粉一起熬煮，让整个酱料呈现像浆糊一样的糊状；或加入淀粉勾芡，让整个酱料呈现透明的黏稠感。这两种粉最大的差别就在于黏稠度，粘米粉的口感比较松，淀粉的口感比较紧实、劲道。所以一般小吃的蘸酱都选用粘米粉，因为蘸取起来比较容易；淀粉则一般多用于拌炒烩酱(烩饭或是烩面的酱)，因为烩酱里面有许多蔬菜和肉片，用淀粉可防止其散成一片。

葱

是调制中式酱料的重要材料。青葱的选购很简单，只要葱枝本身尾端没有枯黄、葱身直挺即可。至于葱丝，就是把买回来的青葱洗干净，然后切成细丝，使用前先泡在水中，防止葱丝变干变色，等酱料调之后，再将葱丝抓入其中调匀即可。有人习惯把切好的葱丝放入盐水中浸泡，但如果是用来调制酱料的葱丝，最好不要泡入盐水，以免制作出来的酱料太咸。

姜

因为采收时期的不同而分为嫩姜、粉姜和老姜3种。嫩姜的水分最足，买回来要尽快吃掉，以免纤维老化；至于老姜，因为本身所含的水分很少，所以不能再放进冰箱，以免水分过度流失。姜在调制酱料的时候经常被使用，一般使用的原则很简单：如果你所调的酱料需要辣一点的味道，可以把粉姜磨成姜末或熬成姜汁，然后混入酱料中，酱料就会有一种姜的自然辛辣味。另外也可以使用老姜或嫩姜来制作酱料，但是用法不同。嫩姜最好切成极细的细丝，然后撒入酱料中(一般是海鲜酱料中)，吃起来脆脆的，口感十足；老姜可以用刀剁成很细的颗粒，放入酱料中，辛辣味会更重。由于姜的自然辛辣味可以掩盖许多海鲜的腥味，所以在调制海鲜酱料时常被使用。现在有许多从国外进口的姜粉，就是把姜干燥处理后制成的粉末，要用的时候撒一点。像这样的姜粉也可以用来制作酱料，不过效果较差。

蒜头

的保存期限长，只要保持干燥，放在通风的场所可以放几个月。怕麻烦的话可以到市场上买已经剥好皮的现成蒜粒，放进干净的微波炉餐盒，然后放入冰箱冷藏，可以保持蒜粒的新鲜。如果发觉买回来的蒜头已经有出水的情况，可以把蒜头放在水龙头下冲洗干净，然后磨成蒜泥，放入冰箱中冷冻，等要用的时候再取出，这样可以延长蒜头的使用期限。蒜头切片或磨成蒜泥，都是调配酱料的好材料。如果制作酱料时所用的材料较多，最好用蒜泥，因为蒜泥可以把蒜的味道与其他材料的味道均匀地混合在一起。如果酱料里的材料很简单，譬如蒜末酱油(里面只有蒜末、酱油和香油)，可以用蒜片或蒜末，这样可以咀嚼到蒜的滋味，口感更好。

香菜 是一年四季都可以买到的材料。买回来的香菜碰水后容易腐烂，所以如果不马上使用，最好用纸包好放入冰箱冷藏，可以保存两周左右。调制酱料时通常会将香菜切成末加入酱料中，味道会更浓郁。平时制作烤肉酱时也可以加一些香菜末，让肉在香菜末酱里腌上一天，这样烤出来的肉不但有酱汁的甘甜，还会有香菜的自然香味。使用香菜调制酱料还有一个原则，就是需要熬煮的酱料不适合放入香菜，因为香菜一经久煮，叶片会变黄，同时香味也会散失。另外，香菜在使用前最好将水分彻底沥干，以免加入酱料之后把酱料稀释，影响味道。

蚝油 的腥味重，所以拿来制作酱料的时候一定要加入重口味的配料，比如蒜头、葱或豆豉等。当然糖也是少不了的，因为糖可以中和蚝油所带来的咸腥味。利用蚝油制成的酱料有很重的海鲜味，适合用于肉类或鱼类的调味；若是拿来用于蔬菜或面食的调味，就会盖住食物本身的味道。

香油 分为白香油和黑(胡)香油。白香油是用白芝麻提炼而来，一般调味用的香油，就是白香油和色拉油稀释而成的，称为小磨香油。在一道菜完成的时候，通常会滴几滴白香油以增加香味；或者用来拌菜，蔬菜较涩的口感可以用香油来改善，而香油较腻的口感可以利用蔬菜的清爽来改善，两者搭配起来互相突显彼此的优点。黑（胡）香油则是用黑芝麻提炼而成，性较热，一般拿来作为进补之用。

甜辣酱 是老少咸宜的酱料，可当作水饺等水煮、清蒸食物的蘸酱。如果拿来蘸油炸食物，就会太腻。由于甜味可以缓和辣味的刺激，所以甜辣酱比一般辣酱容易入口，但是辣味停留在口腔的时间更久，等到甜味过后，就会感受到辣味的后劲。好的甜辣酱，甜味、咸味与辣味三者之间要非常均衡。因为辣味会让甜味的饱和度降低，咸味则可以突显甜味，例如一样甜的酱，在没加辣以前你觉得甜得刚好，加辣之后，就会觉得没那么甜，甚至有点淡淡的感觉，可是只要再加进一点盐，甜味又会突显出来，味道又会变浓郁一点。所以虽然叫做甜辣酱，除了甜和辣，咸味的调和也很重要。

沙茶酱
用扁鱼、蒜头、辣椒等调制而成。沙茶酱在炒的过程中，吸收了很多油，装罐之后，油分会慢慢分离出来。所以新鲜的沙茶酱，看起来油分比较少，不新鲜的沙茶酱则看起来油比较多，尤其是已经打开过的沙茶酱。在使用期限内，如果大部分油都分离出来，可以下锅炒香一点再使用；如果有很重的油垢味，那表示沙茶酱已经变质了，不宜再食用。

甜面酱
主要用来拌干面，为了增加口感，一般会和豆干丁一起拌炒，这样就是一道很好的干面酱。如果和香油一起拌炒，则会变成非常正统的北京烤鸭蘸酱。和豆瓣酱一样，甜面酱只要稍加变化，马上可以变成另一种好吃的酱料。火锅蘸酱、烤肉酱这一类浓稠的酱汁，都可以考虑使用甜面酱来调制。

芝麻酱
本身除了芝麻的香味，并没有什么味道，所以必须经过调味，才能够用作调味的酱料。一般我们最常用到的芝麻酱，可以用作麻酱面的淋酱，它是把芝麻酱经过简单调味制作而成的。因为面食本身也是没有味道的食物，所以和芝麻酱搭配非常适合，不会掩盖芝麻的香味。如果要把芝麻用于海鲜或肉类的调味，就不能制作成酱，而应直接把颗粒状的芝麻加热，烤出香味，才有增香的效果。

酒
在调制酱料的时候有画龙点睛的作用，但是醋或味醂本身也有酒的效果，加过醋或味醂后再加入酒会让整个酱料发酵的感觉更重。一般我们在调制酱料时常用米酒和葡萄酒，通常与肉或鱼类有关的酱料可以加一点米酒，让肉吃起来有发酵的香味，同时也可减少鱼或肉的腥味；而葡萄酒多用于和蔬菜有关的酱料，它可以增加蔬菜的甜味。比如，意大利面酱里面放的白葡萄酒，可以让面酱里的西红柿吃起来不那么酸，有一点甜味。

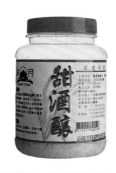

甜酒酿
用米发酵而成，也是一种胶状的酒母，可以用它来酿酒。在烹调上，甜酒酿的功能和米酒差不多，它可以去腥味，也可以增加蔬菜的甜味；所不同的是，甜酒酿的味道更香，而它的甜味也比较适合甜食的烹调。因为酒酿会把食物里的糖分分解成酒精和一些酸性物质，所以加酒酿调制的食物，会有一股酒香以及淡淡的酸味，而这也正是它风味独特的地方。一般我们常用甜酒酿来给蛋羹、汤圆等菜肴调味，其实在腌酱菜的时候加一点酒酿，也是非常不错的做法，可以让酱菜更加香甜可口。

豆腐乳
和酱菜、酱料一直是密不可分的，因为制作酱料和酱菜的原料有许多相似之处，而且酱菜往往还可以拿来制作酱料。比如豆腐乳就是很好的例子。吃羊肉火锅的时候，只要用豆腐乳加上适量开水、糖、香菜末、豆瓣酱，仔细调匀就是很好吃的羊肉蘸料。利用酱菜来调制酱料的原则很简单：一定要加糖，尽量少用酱油，最好加入葱末或是香菜末，这样调制的酱料就会比较好吃。

香菇
在中式酱料里最常用到，因为香菇可以提供一种温和的香味。调制酱料的时候最怕的就是香味过重，盖过了食物本身的味道，香菇温和的香味，刚好符合中式料理的要求。所以制作酱料时，如果你觉得酱料里少了一点香味，或希望酱料吃起来口感更好，不妨把剁碎的香菇细末加进去一起调制，这样做好的酱料既浓稠又清香。

酱油特别介绍

酱油因为制作使用的材料不同，大致可分为3类：纯酿酱油、荫油和化学酱油。

纯酿酱油

纯酿酱油以传统酿造方式制成，价格昂贵，但味道甘醇，豆味香浓。它以黄豆和小麦为原料，先将黄豆浸渍蒸热，同时将小麦烘焙后磨碎，然后将两者混合加入特别培养的种曲，在28~30℃的环境下，慢慢制成酱油曲。接着在酱油曲中拌入盐水，7天后，就会变成酱油醪。这个酱油醪会渐渐发酵成熟，而整个发酵所需的时间约在半年以上。最后用压榨的方式将固体与液体分开，液体部分就是我们一般俗称的生酱油，生酱油必须经过杀菌的过程，才能装瓶变成我们所常见的酱油。

荫油

荫油的酿造方法和纯酿酱油差别不大，不同的是，它使用黑豆取代黄豆来做原料；而且荫油制作到后期，还会分离出固体的豆豉，风味独特，较一般酱油更为甘甜，很适合拿来制作许多小吃的酱料。

化学酱油

化学酱油，顾名思义就是用化学的方式制成的。它是利用盐酸来分解黄豆蛋白质所制成的酱油，费时不多，过程也较为简便快捷。由此，我们可以明白为什么酱油价格有如此大的差别了。纯酿酱油和荫油尽管售价较高，但由于风味甚佳，所以市场上仍然非常流行。而化学酱油因为可以省下不少成本，所以也颇受消费者欢迎。事实上，绝大部分的酱油都是以纯酿酱油和化学酱油混制而成的，两者混合的比例不同，口味和售价也会有差异。纯酿的比例愈高，品质愈佳。因为化学酱油的售价低，在制作大量酱料的时候常被拿来使用。

酱油根据用途的不同，大致可分为7种：酱油膏、酱油露、陈年酱油、薄盐酱油、无盐酱油、白酱油、生抽和老抽。

酱油膏

所谓的酱油膏，其实只是在酱油杀菌之前，加入一些糯米粉和厂家自家调配的调味料，味道因品牌而异。如果酱料要求有比较浓稠的口感，比如炒酱等，通常会选用酱油膏来调制。

酱油露

什么是酱油露呢？它是一种纯酿比例较高的酱油。也因为如此，它非常适合拿来做蘸酱，如果烹煮一大锅食物，想用酱油露也可以，只是有点奢侈。如果所调的酱料需要"鲜味"的口感，比如蘸虾用的酱料，最好选用酱油露，味道更好。

陈年酱油

陈年酱油在市场上也算主要产品之一。它的特殊之处在于酿造的时间特别长，一般的酱油醪大约只要半年就能发酵成熟，但陈年酱油却需要2~3年的时间。它味道甘醇，而且更为纯净，所以价格也特别昂贵。

薄盐酱油

这种酱油的盐分含量约为普通酱油的一半，但酱油香味毫无减损，对于心脑血管疾病、肾脏疾病患者，或者在饮食上必须控制盐量摄取的人比较适用。使用薄盐酱油和减少酱油用量的意义其实并不一样，因为减少酱油的用量虽然会降低盐分的摄取，但食物中酱油的香味也会减少，而使用薄盐酱油就没有这样的问题。不过薄盐酱油的保存时间也较短，应特别注意。

无盐酱油

无盐酱油中几乎不含氯化钠（即一般意义上的食盐）。它之所以会有咸味，是因为添加了氯化钾等成分。这种人工合成的酱油，使用时最好听从营养师或医师的建议。

白酱油

白酱油颜色很浅，因为酿造的时候所加入的酱色成分较少。基于烹调上的需求，在我们希望能保持食物的原色时，可以考虑使用白酱油。它用作冷盘蘸酱，或制作不想上色的卤味，也很适合。

生抽和老抽

生抽、老抽是沿用广东地区的习惯性称呼而来的，指的是淡色酱油和深色酱油。生抽颜色较淡、味道较咸，一般作为烹调之用；老抽是深色酱油，颜色较深，尝起来却没那么咸，一般作为卤肉上色之用。

此外，还有许多用途不同的酱油，不过基本上它们都是运用以上介绍的这几类酱油搭配不同的调味料制成的，譬如常用的烤肉酱和辣酱油等。虽说酱油的分类复杂，但是在使用酱油调制酱料时的原则很简单，就是要让酱料带有咸味。至于要选哪种酱油，就完全看对口感和香味的要求了。多了解酱油对烹饪很有帮助。

醋特别介绍

醋分为陈醋、香醋、米醋、白醋等种类，因为酿造过程中加进的原料不同而在味道上有所差异。严格来说，包括谷类和水果在内的许多原料都可以拿来酿造醋。我们一般常用的醋都是用谷类酿造的。由于醋的味道综合了谷物、酒乃至蔬果的香甜，所以大部分酱料都需要醋来调味；同时加了醋之后，盐就可以少放一些。为什么呢？因为醋有突显咸味的作用，食物在烹煮的过程中加一点醋，不用放太多盐尝起来就会觉得够咸了。基于这样的原理，酱料里面多放醋，少放盐，不但口感变得很丰富，同时也比较健康。

那在调制酱料的时候应该选用哪种醋呢？除了酱料颜色的考量，口感是最重要的。有一个原则可供参考，就是和肉类有关的酱料一般用陈醋或香醋较好，比如排骨酱或烤肉酱；和面食、蔬菜有关的酱料用米醋或白醋较好，比如沙拉酱等。但是因个人口味喜好不同，这个原则也可以灵活变通，只是在烹调的原理上，一般都遵循这个做法。

醋的种类相当多，用途也非常广泛。撇开饮用醋不谈，光是用作调味或蘸酱的醋就不知道有多少种。大致来说，只要是含有天然酸味的食物，几乎都可以拿来当作醋的原料，这也是醋的种类不断增多的一大原因。与酱油一样，醋也有传统酿造和人工合成的区别，下面我们就来谈谈酿造醋的方法。

＊醋的酿造

由于醋的种类繁多，酿制的方法也不尽相同，所以无法一一详述。许多原料都可以用来酿醋，不同原料酿造出来的醋，在口感和用途上也千差万别。例如陈醋和香醋是用蔬果和麦芽等原料酿造而成的；白醋和米醋是用糯米和酒精酿造成的，所以它们在口感上有很大的不同。在此，我们仅以较为普遍的米醋类为例来做说明。

用谷物来酿醋，首先要将谷类蒸煮，经过加热之后，这些谷类材料就会变得比较容易发酵；发酵前，要在蒸煮过的谷物中加入水和酒曲，然后借助酒曲中的酵素，慢慢把谷物糖化，这个过程，我们称之为"酒精发酵"。

谷类经过酒精发酵之后，就会含有酒精成分，必须再经过醋酸菌的发酵，酒精成分才会变成醋酸，这个过程，叫做"醋酸发酵"。醋酸发酵进行时，醋酸菌会在液体表层生出一些泡沫来裹住空气，如果没有这些空气，醋酸菌就无法繁殖，此时不能振动过度，以免菌膜破裂，导致醋无法酿成。

醋酸发酵阶段需要1~3个月的时间，在这段时间内，空气的温度、湿度等因素都会影响醋酸菌的生长，进而影响醋味的好坏。由于醋酸菌非常脆弱，所以如果酿制过程中有什么疏忽，就很可能导致先前的努力毁于一旦。

醋酸发酵完成后，还必须把醋放到桶里再存放2~3个月。如此，酿造出的醋口感才会比较柔和，不会有刺鼻的味道。

＊醋的用途

醋除了食用以外，还有什么用处呢？我们可以从健康饮食的角度来了解。

首先，使用适量的醋可以降低盐的摄入量，从而降低慢性病的患病概率。根据相关实验的结果显示，当醋中的盐分含量超过10%时，咸味就会特别突出。基于这样的原理，利用醋来减少盐的使用，就变成控制盐分摄入的一种有效方法了。

其次，醋还有杀菌的功能。基于醋的这个特性，有许多加过醋的食物，例如加醋的沙拉、寿司、泡菜等，都不容易腐坏。因此，有些人会在需要保存的食物中加进一点醋，甚至还发明了水中加醋来洗东西的方法。这种方法，就叫做"醋洗"。

此外，醋还有防止蔬果变色、消减异味的功能。

另外在调理食物的搭配上，由于醋的味道有很多种，所以使用者必须凭借对醋味的熟悉，才能做出合适的搭配。醋的酸味一般都是源于醋酸（如米醋、合成醋等），但也有源于酒石酸（如西洋醋）、柠檬酸（如柠檬醋、梅子醋等）或者苹果酸（如苹果醋）的。这些酸的种类都有它们的特殊之处，用在料理或者酱料的调配上，也都能呈现各自不同的风味。只要用心搭配、多多实验，不需要多久，你就能够成为一名"吃醋"的专家，掌握许多既美味又健康的调味方法。

辣椒酱特别介绍

辣椒酱是由辣椒制成的。讲到辣椒，一般人的印象中，也许只有青辣椒、小红辣椒和大红辣椒3种。事实上，辣椒的种类不下数十种，其中甚至还有甜而不辣的辣椒。不过我们平常在辣椒酱中所用的，都是偏辣的一类。

辣椒酱一般包括辣油、辣豆瓣、腌辣椒和红色辣椒酱4种。当然，有些人可能可以想到更多，但是一般使用最广泛的，就是这4种。现在就说说它们是如何制作的。

辣油

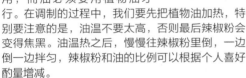

所用的材料很简单，就是辣椒和油。不过辣椒要先经过干燥、磨粉两道工序才可以使用，而油必须要用植物油才行。在调制的过程中，我们要先把植物油加热，特别要注意的是，油温不要太高，否则最后辣椒粉会变得焦黑。油温热之后，慢慢往辣椒粉里倒，一边倒一边拌匀，辣椒粉和油的比例可以根据个人喜好酌量增减。

其实如果火候控制得当，辣椒粉又够辣的话，不需要加太多油也能将辣椒粉调得又香又辣。当然，油的选择也很重要，可以尝试用不同的植物油来搭配，效果和味道会有差异。如果觉得自己做辣椒粉很麻烦的话，可以买市面上整包出售的辣椒粉。

辣油不但本身是一道酱料，同时也可以加入其他材料成为另一道酱料。由于辣油的味道重，所以拿辣油来调制另一道酱料的时候最好将其他材料的口味加重，譬如红油抄手酱，相应地我们就要加入柴鱼味精、葱末、蒜末和大量的酱油等，才不会辣得没滋味。

辣豆瓣

是用豆瓣酱加辣椒拌炒而成的。豆瓣酱最主要的原料是蚕豆、花椒和盐。豆瓣酱的香味很浓，口味也很重，调制酱料的时候如果觉得味道较淡，只要加入豆瓣酱，就可以调出味浓的酱料。豆瓣酱还有一种作用，就是压制腥味，所以如果碰到腥膻的食材，可以尝试加入豆瓣酱。

辣豆瓣不仅用途广泛，种类也很多，其主要材料红辣椒和盐是用来调味的，至于香气，就是靠蚕豆和花椒来营造了。不过不一定非得用这4种材料来制作，因为若你希望调味的乐趣能够持久，那么创造出一种属于自己的独家酱料就很重要。可以在这4种材料之中调入其他的口味，说不定经由这一番创造，从此多了一种美味的选择。

辣豆瓣的香味，一般是靠炒出来的，但要注意如果火候控制不当或者下锅的时机不对，有时根本发挥不出蚕豆和花椒的香味。

腌辣椒

是许多人家中常备的一种酱料，最简单的制作方法是，选用味呛的辣椒，切或不切都可以，然后塞满罐子，再倒进酱油，加盖密封，腌制一段时间就可以食用了。在腌制时，加入一点大蒜、鱼干，或者其他的调味料，都能让整个酱料更加美味。

不过这种腌辣椒每次的用量都不会太多，因此不要一次制作太多，否则容易造成浪费。

红色辣椒酱

算是最正统的辣椒酱，我们平常所称的辣椒酱就是这种。从路边摊到大饭店，几乎都有它的身影。它的制作方法也非常简单，首先把红辣椒清洗干净，然后用果汁机打成浆就可以了。这种辣椒酱辣味较强，但没什么香气，所以感觉比较粗糙；但也因为如此，当我们制作食物不想让辣椒以外的调料味道干扰到我们的调味时，红色辣椒酱就成了非常好的选择。目前市面上的红色辣椒酱很多都加了调味，在选购的时候要注意。

辣椒酱的材料简单，做法简单，用途却十分广泛。在用餐的时候，它不仅能够刺激食欲，还有活血、暖胃的功效。虽然在市面上很容易买到，但我们还是希望读者能够自己动手做做看，毕竟自己亲手做出来的东西意义大不一样。

非学不可的**酱汁勾芡法**

勾芡 是做菜时最常用到的烹调技法之一，不论是直接淋在料理上还是制作口感浓郁的酱汁，都是为了让汤汁变得浓稠或附着于食材上，呈现料理完美的色泽。不过针对不同的烹调方式，勾芡会有下列几种不一样的效果：①增加菜肴口感的滑润度；②增加菜肴色泽的视觉明亮度；③增加菜肴汤汁的浓稠度；④让菜肴更美味；⑤延长菜肴的散热时间。用酱汁勾芡，依照料理过程及添加方式的不同，大致可以简单分为烹芡、卧芡、淋芡、浇芡4种方法。

烹芡

在菜肴入锅前，用小碗将调味料连同淀粉混合成酱汁备用。在菜肴炒制完成之前，缓缓倒入调好的酱汁并快速翻炒，接着继续加热，直到酱汁呈糊，即成所谓的烹芡。右图所示的左宗棠鸡就是用的这种方法。

卧芡

不同于烹芡法，卧芡是先将调味料入锅煮成汤汁，再依序加入适量淀粉使其达到需要的黏稠度，再倒入主料翻炒均匀。糖醋排骨使用的就是"卧芡"，而这种完整包着于食材上的勾芡形式，被称为"包芡"，常用于爆炒菜肴。

淋芡

它是等菜肴煮至即将完成之际，轻轻摇晃锅或推动汤勺，同时慢慢将调好的芡粉水均匀淋入锅中，让食材完全吸收酱汁的味道。下图所示的料理为开洋白菜，它的芡汁形式为"流芡"，稠度比糊芡稀，芡汁呈流泻状，常用于制作扒烩类菜肴。

浇芡

料理即将完成的时候，将芡粉水迅速泼浇入菜肴之中，并转以大火快速翻拌菜肴，使芡汁完全被食材吸收，即为"浇芡"。右图所示的干贝扒芦笋所使用的勾芡方法就是浇芡，芡汁形式称为"羹芡"，其稠度是所有芡汁中最稀薄的，只略带浓稠感，常用于羹汤类及烩菜类的制作。

蘸酱

肉圆淋酱

用途：淋在肉圆上或作为甜不辣蘸酱。

材料

海山酱6大匙、甜辣酱4大匙、酱油膏3大匙、蚝油1.5大匙、赤砂糖1.5大匙、糯米粉3大匙、凉开水1杯

做法

1. 将上述所有材料混拌均匀，以小火煮滚即成肉圆淋酱。
2. 食用肉圆前将酱料淋在肉圆上，可加入适量蒜泥、酱油和香菜，滋味更佳。

示范料理 彰化肉圆

材料

A. 粘米粉100克、地瓜粉300克、水550毫升、肉圆淋酱适量
B. 里脊肉片150克、香菇30克、笋干200克、红葱酥3大匙、酱油1/3小匙、五香粉1/3小匙、胡椒粉1/3小匙
C. 小碟子数个、蒸笼1组

做法

1. 将材料B的笋干洗净，泡水30分钟，再用热水煮过去除酸味，切小丁备用；香菇泡软，去蒂洗净，切小丁备用；里脊肉片洗净，切小丁，备用。
2. 锅烧热加3大匙油（材料外），将做法1的香菇丁、笋丁、肉丁炒香，加入其余材料B拌炒均匀，待凉备用。
3. 将材料A（肉圆淋酱除外）调匀，用小火慢煮，并不停搅拌至浓稠，熄火后待温度降至约35℃时，即成粉浆，备用。
4. 小碟子里抹适量油，抹上做法3的粉浆，加入做法2的馅料，再铺上一层粉浆，放入蒸笼用中小火蒸熟（6~8分钟）。
5. 取出蒸好的肉圆待凉脱模，泡入温油中，等到肉圆表皮变得弹软，捞出沥干油分，盛入碗中，淋上肉圆淋酱即可享用。

蒜蓉酱

用途：蘸肉类或海鲜皆可。

材料

蒜头 3 瓣、葱 1 根、香菜 1 根、酱油膏 3 大匙、米酒 1 大匙、细砂糖 1 小匙、白胡椒粉 1 小匙

做法

1. 将蒜头、葱、香菜洗净，切碎备用。
2. 取一个容器，加入做法 1 的所有材料与调味料，以汤匙搅拌均匀即可。

示范料理 **蒜泥白肉**

材料

五花肉 300 克、蒜蓉酱适量

做法

1. 将五花肉洗净，放入锅中，加入冷水，再盖上锅盖，以中火煮开后，继续煮 10 分钟，再关火闷 30 分钟，捞出备用。
2. 将煮好的五花肉切成薄片，依序排入盘中。
3. 将调好的蒜蓉酱均匀地淋在五花肉片上即可。

注：水煮白肉要煮到透明才好吃，秘诀就在于要将五花肉放入冷水中煮，水开后再煮 10 分钟就要关火，利用余温将肉闷熟，这样肉质才会口感良好。

海山酱

用途：作为粽子、甜不辣或牡蛎煎的蘸酱。

材料

粘米粉 2 大匙、酱油 3~4 大匙、糖 2~3 大匙、水 2.5 杯、盐适量、甘草粉适量、味噌 1 大匙、番茄酱适量

做法

将上述所有材料放入锅中调匀，煮开放凉即可。

注：1. 海山酱是台式酱料中很重要的基础酱料，利用海山酱可以再调制出许多不同的酱料。

2. 番茄酱可酌量添加，但不可加太多，以免番茄酱的酸味盖过其他材料的味道。

蒜末辣酱

用途：蘸肉类、海鲜皆可。

材料

蒜头 5 瓣、红辣椒 1 个、葱末适量、酱油 1 大匙、酱油膏 2 大匙、辣椒酱 1 大匙、细砂糖 1/2 大匙、淀粉适量、开水 100 毫升

做法

1. 蒜头和红辣椒洗净后，沥干水分，切成碎末备用。
2. 将做法 1 的材料、葱末和调味料混合，搅拌均匀备用。
3. 将做法 2 的酱料倒入锅中，以小火煮约 1 分钟至浓稠即可。

甜辣酱

用途：作为水煮海鲜、肉片蘸酱，热狗或汉堡淋酱，粽子、筒仔米糕蘸酱。

材料

辣椒酱 2 大匙、糖 1 小匙、凉开水 1 小匙

做法

将上述所有材料混合拌匀即可。

肉粽淋酱

用途：蘸食肉粽和各式米制食品。

材料

A. 海山酱 5 大匙、甜辣酱 5 大匙、壶底油 2 大匙、糖 1.5 大匙、粘米粉 2 大匙、水 1 杯
B. 香油 1 大匙

做法

1. 将材料 A 混合搅拌均匀，以小火煮滚后熄火。
2. 待做法 1 的材料冷却后，再加入材料 B 即可。

饺子蘸酱

用途：作水饺、煎饺或蒸饺蘸酱，或是萝卜糕蘸酱。

材料

酱油、白醋、香油、蒜末、辣椒末、红辣椒酱各适量

做法

将上述所有的材料混合拌匀即可。

客家金橘蘸酱 ①

用途：蘸水煮五花肉、鸡肉、青菜、凉拌青菜等。

材料

金橘 600 克、细砂糖 200 克、盐 1 小匙、酒 1 大匙、红辣椒末适量

做法

成熟金橘洗净晾干，放入蒸笼蒸熟，再切半去籽，磨成泥，加盐、细砂糖、酒、红辣椒末拌匀，装入瓶中即可。

客家金橘蘸酱 ②

材料

金橘酱 2/3 杯、砂糖 1.5 大匙、酒 1 大匙、柠檬醋 1 大匙

做法

将上述所有材料混合拌匀即可。

注：客家金橘蘸酱最早是直接用金橘肉制作，金橘酱加糖是后来的改良做法。以上两种做法的金橘蘸酱味道差异颇大，有兴趣的读者可以尝试比较一下。

碗粿淋酱

用途：淋在碗粿、萝卜糕或各种米制点心上。

材料

A. 酱油膏 5 大匙、糖 1.5 大匙、水 1/3 杯
B. 蒜泥适量

做法

1. 将材料 A 放入锅内混合拌匀，煮滚后待凉，即为碗粿酱。
2. 食用前拌入材料 B 即可。

示范料理 **碗粿**

材料

粘米粉 300 克、玉米粉 20 克、冷水 1300 毫升、红葱头 80 克、香菇 6 朵、咸蛋黄 3 个、肉泥 200 克、虾米 80 克、萝卜干 50 克、油 3 大匙、水 800 毫升、碗粿淋酱适量

调味料

胡椒粉适量、糖适量、盐适量、酱油 1 大匙

做法

1. 将粘米粉、玉米粉用 500 毫升冷水搅拌成粉浆，备用。
2. 红葱头洗净，切末；香菇泡软，去蒂洗净，切丝；咸蛋黄对切，备用。
3. 起油锅，用 3 大匙油爆香红葱头末，再放入香菇丝、肉泥、虾米和萝卜干一起炒，接着放入所有调味料炒匀，即可熄火。
4. 另起锅，将 800 毫升冷水煮沸，然后加入做法 1 的粉浆，搅拌成糊后，再放入做法 3 的一半材料，拌匀后，分装入碗内；然后将剩余的另一半做法 3 的材料，平均分配在各碗的上层，并分别放上半个咸蛋黄。
5. 将做法 4 的材料放入蒸笼蒸 30 分钟后取出，搭配碗粿淋酱食用即可。

臭豆腐淋酱

用途：淋在臭豆腐或炸豆腐上。

材料

酱油 100 毫升、酱油膏 100 毫升、细砂糖 25 克、水 200 毫升、醋 1/2 大匙

做法

将水倒入锅中煮至滚沸，加入细砂糖煮至完全溶解，再加入酱油和酱油膏拌煮均匀，最后加入醋即可。

臭豆腐辣椒酱

用途：淋在臭豆腐或炸豆腐上。

材料

红辣椒 150 克、蒜末 10 克、盐 1/2 小匙、细砂糖 1 小匙、鱼露 1 小匙、绍兴酒 1/2 大匙、香油 1/2 大匙、色拉油 1/2 大匙

做法

1. 红辣椒洗净，沥干水分后切小段，放入果汁机中，加入蒜末搅碎，倒出备用。
2. 将做法 1 的材料倒入锅中，加入剩余的材料以小火拌炒至香味溢出即可。

示范料理 **炸臭豆腐**

材料

预炸过的小块臭豆腐 6 块、泡菜适量、蒜泥适量

调味料

辣椒酱、醋、臭豆腐淋酱各适量

做法

1. 将预炸过的小块臭豆腐放入油温约 160 ℃的热油锅中。
2. 以小火炸约 1 分钟，并不时翻面让臭豆腐均匀受热。
3. 转大火继续炸至臭豆腐表面酥脆且膨胀，立即捞出沥干油分。
4. 将臭豆腐放入盘中，淋上所有的调味料，搭配适量泡菜、蒜泥即可。

辣梅酱

用途：与海鲜搭配非常对味，作为各种肉类蘸酱也是一绝。

材料
紫苏梅汤汁100克（果肉60克、汤汁40克）、辣椒酱60克、蒜末20克、细砂糖40克、香油30克

做法
1. 将紫苏梅汤汁放入果汁机中，加入蒜末、辣椒酱及细砂糖，打成泥。
2. 取出酱泥，加入香油拌匀即可。

油饭酱

用途：淋在油饭或各类米制品上。

材料
A. 番茄酱50克、辣椒酱20克、细砂糖25克、水300毫升、酱油膏10克
B. 糯米粉水适量

做法
将材料A倒入锅中搅拌均匀，以小火煮开后，缓缓加入适量糯米粉水，煮至浓稠即可。

示范料理 **油饭**

材料
长糯米600克、猪肉丝200克、干香菇5朵、虾米50克、红葱末30克、水120毫升、油饭酱适量

调味料
酱油5大匙、盐适量、细砂糖适量、白胡椒粉适量、鸡精1/2小匙、米酒1大匙

做法
1. 长糯米洗净，浸泡冷水约6小时，捞出沥干，放入蒸桶蒸约30分钟，至熟透。
2. 干香菇泡软切丝，虾米泡软，备用。
3. 热锅加入5大匙色拉油（材料外），放入红葱末爆香成金黄色的油葱酥后盛出。
4. 锅中放入香菇丝和虾米炒香，再放入猪肉丝炒熟，最后加入所有调味料炒匀。
5. 加水煮开，放入油葱酥、糯米饭拌匀，再放回蒸桶里蒸约5分钟，食用前淋上油饭酱即可。

蒜蓉茄酱

用途：滋味酸甜，最适合淋在各种炸物上。

材料

蒜泥 1 大匙、番茄酱 1 大匙、酱油膏 2 大匙、细砂糖 2 大匙、香油 1 小匙

做法

将上述所有材料混合调匀至细砂糖完全溶解即可。

浙醋淋汁

用途：鱼翅汤、各种羹汤、小笼包、汤包、烧卖都很适宜。

材料

大红浙醋 3 大匙、姜末 1 小匙、细砂糖 1 大匙、盐适量

做法

将上述所有材料混合调匀至细砂糖完全溶解即可。

芝麻腐乳淋汁

用途：淋于各种汆烫肉类或涮肉片上，尤其是膻味重的肉类（例如羊肉）。

材料

芝麻酱 1 大匙、红腐乳 1 大匙、凉开水 2 大匙、蒜泥 1 大匙、葱花 1 大匙、香菜末 1 小匙、香油 1 大匙

做法

将上述所有材料混合调匀即可。

橙檬蘸酱

用途：作为水果火锅的蘸酱。

材料

柳橙汁 2 大匙、柠檬汁 1 小匙、味醂 1 大匙、酱油 1 小匙

做法

将上述所有材料混合搅拌均匀即可。

台式麻辣锅蘸酱

用途：作为麻辣锅蘸酱或涮海鲜的蘸酱。

材料
青蒜尾 2 大匙、白醋 3~4 大匙、香油适量

做法
将白醋先倒入小碗中，再将青蒜尾切成约 0.5 厘米长的小段并加入小碗中，最后滴入适量香油即可。

示范料理 麻辣锅

锅底材料
黑麻油 1 大匙、老姜 15 克、蒜头 2 瓣、辣豆瓣酱 2 大匙、豆豉 1 小匙、冬菜 1 大匙、牛高汤 5000 毫升、台式麻辣锅蘸酱适量

锅底调味料
辣椒粉 1 大匙、花椒粉 1 小匙、蚝油 1 大匙、细砂糖 1 大匙、鸡精 1/2 大匙、盐适量

做法
1. 老姜、蒜头切末，豆豉洗过切碎，备用。
2. 热锅加入黑麻油，依次加入老姜末、蒜头末爆香至金黄色。
3. 放入辣豆瓣酱、豆豉碎和冬菜拌炒。
4. 放入牛高汤煮滚后，加入所有调味料再度煮滚。
5. 放入喜欢的食材，煮熟后即可蘸取麻辣锅蘸酱食用。

姜丝醋

用途：蘸蒸饺、小笼包、汤包等包子类制品。

材料

姜丝、镇江醋、酱油各适量

做法

将镇江醋和酱油调匀，加入姜丝即可。

示范料理 **蒸饺**

材料

水饺皮适量、猪肉泥300 克、姜末 8 克、葱花 12 克、韭菜 150克、姜丝醋适量

调味料

盐3.5克、鸡精4克、细砂糖 3 克、酱油10 毫升、料酒 10毫升、水 50 毫升、白胡椒粉 1 小匙、香油 1 大匙

做法

1. 韭菜洗净沥干后切碎，备用。
2. 将猪肉泥放入钢盆中，加盐搅拌至有黏性，再加入鸡精、细砂糖、酱油、料酒拌匀，将 50 毫升水分 2 次加入，边加水边搅拌至水分被猪肉泥吸收。加入葱花、姜末、白胡椒粉及香油拌匀，再加入韭菜碎拌匀即为内馅。
3. 取 1 张水饺皮包入约 25 克内馅，包成蒸饺形状后放入蒸笼，以大火蒸约 5 分钟，食用时蘸取姜丝醋即可。

姜汁

用途：蘸涮肉片及海鲜。

材料

日式柴鱼高汤 120 毫升、姜汁 1 小匙、糖粉 1/2 小匙、酱油 2 大匙、水果醋 2 大匙、葱末 1 小匙

做法

将上述所有材料混合搅拌均匀即可。

青蒜醋汁

用途：蘸白切鸡、白切猪肉。

材料

蒜苗 1 根、米醋 1/2 碗

做法

将蒜苗洗净后取蒜白部分，切成细末，加入米醋碗中，混合拌匀即可。

香芹蚝汁

用途：蘸水煮海鲜、肉类。

材料

蚝油 4 大匙、香芹粉 1 小匙、香油 1/2 小匙、糖 1/4 小匙

做法

将上述所有材料一起混合拌匀即可。

果泥蘸酱

用途：蘸螃蟹等海鲜类料理。

材料

猕猴桃 2 个、柠檬 1/2 个、蜂蜜 1 大匙、盐 1/4 小匙、细砂糖 1 小匙

做法

1. 将猕猴桃削皮，柠檬榨成汁备用。
2. 将做法 1 材料与其余所有材料一起用果汁机混合打匀即可。

北京烤鸭蘸酱

用途：作为北京烤鸭的蘸酱，包进饼皮里和烤鸭、葱一起食用。

材料

甜面酱1罐（300克）、香油适量、糖适量

做法

1. 净锅热油后，转小火，倒入甜面酱炒出香味。
2. 加适量糖和少许水（材料外），炒至糖完全溶化。
3. 起锅前淋上一点香油，增加甜面酱的香气即可。

蒜味油膏

用途：蘸白斩鸡、白切肉或鹅肉。

材料

酱油膏1/2杯、砂糖2大匙、蒜末2大匙、胡麻油1小匙

做法

将上述所有材料混合拌匀即可。

姜蓉酱

用途：蘸白斩鸡、油鸡或盐水鸡。

材料

姜泥适量、葱末适量、盐1小匙、鸡油1大匙、香油1/2小匙、鸡精1小匙

做法

将上述所有材料混合拌匀即可。

葱姜蒜什锦泥酱

用途： 作为氽烫肉片、海鲜、青菜的蘸酱，以及快炒酱均可。此酱兼具姜蓉、蒜蓉的特点，用途广泛。

材料

葱末1大匙、姜末1大匙、蒜末1大匙、香油1/2大匙、盐2小匙

做法

将上述所有材料混合拌匀即可。

注： 可用1大匙色拉油代替1/2大匙香油；准备一个小碗，放入葱末、姜末、蒜末、盐，然后将色拉油烧热后倒入小碗中，趁油热将所有材料拌匀即可。

辣豆瓣酱

用途： 与各种食物炒、煮、炖、烩均可，或直接作为氽烫食物的蘸酱用；同时还可以在此基础上调制出许多好吃的酱料，比如羊肉炉蘸酱等。如果觉得做好的辣豆瓣酱太咸，可以加适量糖或用水稀释一下。

材料

辣椒酱2大匙、豆瓣酱4大匙

做法

将两种酱料混合搅拌均匀即可。

素食火锅蘸酱

用途： 作为火锅蘸酱或烤青辣椒、玉米时的烧烤酱。

材料

素沙茶酱2大匙、酱油1大匙、香菜末1大匙、砂糖1/2小匙

做法

将素沙茶酱、酱油和砂糖混合拌匀，再撒上香菜末即可。

米酱

用途：闷粉肝、烫猪肝，或是蘸粽子、鹅肉等。

材料
粘米粉2大匙、酱油3~4大匙、糖2~3大匙、水2杯、盐适量、甘草粉适量

做法
将上述所有材料放入锅中，调匀煮开后放凉即可。

注：一般米酱都是放凉了使用，而米酱一放凉就会变得很浓稠，所以不要煮得太浓稠。

萝卜糕蘸酱

用途：作为煎萝卜糕的蘸酱，或其他煎炸类小吃的蘸酱。

材料
葱1根、红辣椒1/2个、蒜头1瓣、酱油膏1大匙、糖1小匙

做法
1. 将葱、红辣椒、蒜头都洗净切碎，备用。
2. 将做法1 的材料加入酱油膏与糖一起调和均匀即可。

炸鸡块酸甜酱

用途：蘸油炸鸡块、薯条、洋葱圈、餐包。

材料
水3大匙、酱油1小匙、白醋（或苹果醋）2小匙、色拉油1/2小匙、糖1小匙、粘米粉1小匙、洋葱粉1大匙、大蒜粉1大匙、糖浆1大匙（枫糖浆或玉米糖浆）、盐适量（少于1/8小匙）

做法
将上述所有材料在锅中调匀后用小火煮，一边煮一边搅拌，以免粘锅，煮至浓稠时熄火，放凉即可。

烫墨鱼鱿鱼蘸料

用途：作为水煮海鲜、五花肉的蘸酱。

材料

味噌1大匙、番茄酱2大匙、糖1大匙、香油1小匙、姜泥1大匙

做法

将上述所有材料（除姜泥外）放入碗中一起调匀，再放入姜泥即可。

注：味噌的种类很多，购买时不要挑味道太浓太咸的，甘甜一点的味噌效果最好。

炸墨鱼蘸酱

用途：作为油炸海鲜或蔬菜蘸酱。

材料

醋1大匙、葱末1大匙、蒜末1大匙、红辣椒末适量、姜末1小匙、香菜末1小匙、糖1小匙、番茄酱1大匙、香油适量

做法

把上述所有材料混合拌匀即可。

苹果蒜泥酱

用途：作为白煮肉的蘸酱。

材料

米酒1大匙、蒜泥1大匙、苹果泥3大匙、酱油膏适量

做法

将上述所有材料放入碗中一起拌匀即可。

鲍鱼贝类蘸酱

用途：作为清蒸贝类海鲜蘸酱，或高汤火锅的蘸酱。

材料

酱油膏1大匙、番茄酱2大匙、醋1大匙、糖1小匙、甜辣酱1大匙、姜末1小匙、蒜末1小匙、香油适量

做法

将上述所有材料调开拌匀即可。

豆乳泥辣酱

用途：炒、蒸、烩、蘸皆可。

材料

豆腐乳1块、果糖5.5大匙、辣油1大匙、水2/3杯、酱油1/2大匙、蒜泥1大匙、葱末1大匙

做法

1. 将豆腐乳压成泥备用。
2. 将豆腐乳与水拌匀后，加入果糖、辣油、酱油，用小火煮沸。
3. 食用时再加入蒜泥、葱末即可。

注：如用白开水拌匀所有材料，则不需要煮沸，可直接作为蘸酱使用。

豆腐乳沙拉酱

用途：作为海鲜、白肉和鸭肉等蘸酱。

材料

A. 辣豆腐乳5块
B. 苹果醋2大匙、味醂1大匙、酱油2大匙、果糖1小匙

做法

1. 将辣豆腐乳搅碎。
2. 加入材料B一同拌匀即可。

梅子酱

用途：蘸白切肉或鸭肉、鹅肉。

【材料】

渍梅10颗、梅汁半杯、梅子醋1大匙

【做法】

渍梅去核，将梅子肉、梅汁、梅子醋放入果汁机，打碎后拌匀即可。

菠萝酱

用途：蘸水煮软丝、凉拌苦瓜、凉拌西芹等。

【材料】

新鲜菠萝肉1/6片、黄豆瓣1大匙、柠檬皮1/2个、柠檬1/2个（取汁）、酱油1/2杯、开水1/4杯、果糖2大匙

【做法】

1. 将菠萝肉切成碎粒备用。
2. 将做法1材料与其余所有材料放入锅中煮沸，放凉即可。

梅子糖醋酱

用途：蘸鸡肉、白切肉和甜不辣等，也可在做糖醋排骨时使用。

【材料】

腌渍梅子1杯、镇江醋1.5杯、细砂糖3杯、番茄酱1.5杯

【做法】

1. 腌渍梅子清洗干净，去核搅成泥。
2. 将做法1材料加入其余材料，煮沸即可。

西红柿切片蘸酱

用途：作为西红柿切片的专用酱料。

【材料】

酱油1大匙、姜泥1/2小匙、甘草粉（糖粉）适量

【做法】

将上述所有材料充分拌匀即可。如果喜欢砂糖颗粒的口感，也可以用砂糖代替糖粉。

注：西红柿在食用前最好先冰过，冰凉的西红柿蘸着微热的酱料，是非常特别的美味。

蜜汁火腿酱

用途：作为蜜汁火腿或炸海鲜饼的蘸酱。

材料
红枣200克、冰糖6大匙、米酒（酒酿）2大匙、火腿300克、水淀粉1小匙、水1大匙

做法
1. 将火腿排入汤碗，上面放上洗净的红枣，依次加入冰糖、米酒，放入锅中蒸2小时。
2. 将汤汁倒出1杯左右，放入容器内加热后，以水淀粉勾芡煮至浓稠即为蜜汁火腿酱。蒸煮过后的火腿可夹入吐司内食用。

蜜汁淋酱

用途：蘸各式油炸物。

材料
蒜泥1大匙、姜汁1大匙、蚝油2大匙、麦芽糖3大匙、水5大匙、酱油1大匙、五香粉1/8小匙

做法
1. 将杉树所有材料放入锅中，以小火一边煮一边搅拌均匀。
2. 持续拌煮至麦芽糖溶化、酱汁滚沸即可。

示范料理 **蜜汁鸡排**

材料
鸡胸肉1/2块、葱2根、姜10克、蒜头40克、水100毫升、蜜汁淋酱2大匙

调味料
A. 五香粉1/4小匙、细砂糖1大匙、鸡精1小匙、酱油膏1大匙、小苏打1/4小匙、料酒2大匙
B. 地瓜粉2杯

做法
1. 鸡胸肉洗净去皮，从侧面横剖到底但不要切断，摊开成一大片鸡排，备用。
2. 葱、姜、蒜头洗净，放入果汁机，倒入水搅打成汁，过滤去渣，加入调味料A，拌匀成腌汁备用。
3. 将鸡排放入腌汁中，覆上保鲜膜后放入冰箱冷藏，腌渍约2小时。
4. 取出腌好的鸡排，于鸡排两面沾上适量地瓜粉，并以手掌按压让地瓜粉沾紧，再轻轻抖掉多余的地瓜粉后，静置约1分钟使粉回潮。
5. 热油锅至油温约180℃，放入鸡排，炸约2分钟至表面呈金黄色后，捞起沥干油，淋上蜜汁淋酱即可。

姜蒜醋味酱

用途：与水煮蟹脚最配，既能去腥又能提鲜。

材料
蒜头2瓣、姜10克、白醋3大匙、细砂糖1大匙

做法
1. 将蒜头与姜均切碎，备用。
2. 将做法1的材料和其余材料混合拌匀即可。

注：姜、蒜、醋的比例很重要，加1大匙糖
　　后，味道会更好。

南姜豆酱

用途：蘸白灼肉类或海鲜。

材料
黄豆酱200克、南姜50克、凉开水80毫升

做法
1. 黄豆酱沥干汁液，放入果汁机加凉开水打匀。
2. 将南姜磨成泥，再加入处理好的黄豆酱，
　　搅拌均匀即可。

虾味肉臊

用途：淋在水煮青菜上或拌面。

材料
猪肉泥100克、虾米1大匙、蒜头2瓣、红辣椒
1/3个、酱油1小匙、水100毫升

做法
1. 将蒜头、红辣椒切碎，备用。
2. 取炒锅烧热，先加入1大匙色拉油（材料
　　外），再加入猪肉泥、虾米和做法1的材料
　　爆香，最后加入其余材料煮滚即可。

甘甜酱汁

用途：淋在蔬菜上，如苦瓜等。

材料
猪肉泥50克、酱油膏2大匙、红辣椒1个、红葱头3颗、蒜头3瓣、冰糖1大匙、香油1小匙

做法
1. 将红辣椒切断，蒜头、红葱头切片，备用。
2. 取炒锅烧热，加入1大匙色拉油（材料外），加入做法1的材料炒香，再加入其余的所有材料，以中火翻炒均匀即可。

云南酸辣酱

用途：蘸肉类等。

材料
海山酱3大匙、番茄酱3大匙、柠檬汁1小匙、盐适量、白胡椒粉适量、香菜适量

做法
取一容器，加入上述所有的材料搅拌均匀即可。

塔香油膏

用途：淋在水煮青菜上，或用来热炒有壳的海鲜。

材料
新鲜罗勒1根、红辣椒1/3个、酱油膏2大匙、米酒1大匙、凉开水1大匙

做法
1. 将新鲜罗勒洗净再切成细丝，红辣椒切碎，备用。
2. 将做法1的材料和其余材料混合拌匀即可。

柚子茶橘酱

用途：泡茶或搭配料理食用，适合用来蘸食肉类，特别是白切鸡。

材料

柚子茶1大匙、橘子酱1大匙、酱油1大匙

做法

将上述所有材料混合拌匀即可。

材料

去骨鸡腿1块、姜6克、葱1根、柚子茶橘酱适量

做法

1. 将姜洗净切片，葱洗净切段，备用。
2. 将鸡腿洗净，放入锅中，加冷水（材料外）淹过鸡腿，再加入做法1的材料，盖上锅盖以中火煮开约10分钟，再关火闷20分钟。
3. 将鸡腿切成块，搭配柚子茶橘酱食用即可。

示范料理 **柚香白切鸡**

凉拌酱

五味拌酱

用途：属于传统台式风味酱料，可蘸可拌，传统上习惯用于蘸海鲜与白肉，例如烫乌贼。

材料

葱15克、姜5克、蒜头10克、醋15克、白糖35克、香油20毫升、酱油膏40克、辣椒酱30克、番茄酱50克

做法

1. 将蒜头磨成泥，姜切成细末，葱切成葱花，备用。
2. 将所有材料混合拌匀至白糖溶化即可。

材料

鲜虾12只、小黄瓜50克、菠萝肉片60克、五味拌酱4大匙

做法

1. 鲜虾洗净去肠；小黄瓜洗净切丁；菠萝肉片切丁，备用。
2. 煮一锅水（材料外）至沸腾，放入鲜虾煮约2分钟至熟，取出冲水至凉，剥去虾头及虾壳备用。
3. 在鲜虾、小黄瓜丁及菠萝丁中加入五味拌酱拌匀即可。

示范料理 **五味鲜虾**

怪味淋酱

用途：可作为怪味鸡的淋酱，也可作为其他凉拌料理的淋酱。

材料
山葵酱1大匙、辣椒水1小匙、番茄酱1大匙、姜汁1小匙、盐1/10小匙、细砂糖1小匙、热开水1大匙、香油1小匙

做法
1. 将细砂糖和盐倒入热开水中，搅拌至溶解。
2. 做法1材料加入其余材料调匀即可。

香葱蒜泥淋酱

用途：凉拌青菜、肉片、黑白切等。

材料
红葱头30克、蒜泥30克、酱油膏3大匙、细砂糖2大匙、水4大匙、色拉油2大匙

做法
1. 红葱头去皮剁碎，备用。
2. 热锅，倒入色拉油，以微火爆香红葱头碎，至红葱头碎呈金黄色。
3. 加入蒜泥略炒香，再加入酱油膏、水、细砂糖搅匀，煮至细砂糖溶解、酱汁滚沸即可。

味噌辣酱

用途：凉拌水煮海鲜，或作为关东煮的蘸酱。

材料
味噌2大匙、甜辣酱2大匙、海山酱1大匙、姜汁1大匙、细砂糖1大匙、开水2大匙、香油1大匙

做法
1. 将细砂糖倒入开水中，搅拌至溶解。
2. 做法1材料加入其余材料调匀即可。

蒜味沙茶酱

用途：凉拌青菜等。

材料
红葱头 10 克、蒜头 2 瓣、酱油膏 2 大匙、沙茶酱 1 大匙、水 2 大匙、细砂糖 1/2 小匙、色拉油 1 大匙

做法
1. 红葱头与蒜头切碎末备用。
2. 热锅，倒入色拉油，先以小火将蒜末、红葱头末炒香，再加入酱油膏、沙茶酱、水及细砂糖搅匀煮开即可。

蒜味红曲淋酱

用途：凉拌各种肉类，尤其是切肉。

材料
蒜末 1 小匙、红曲汁 1 大匙、蚝油 1 大匙、细砂糖 1 小匙、香油 1 小匙

做法
将上述所有材料混合调匀至细砂糖完全溶解即可。

材料
带皮五花肉 300 克、蒜味红曲淋酱 3 大匙

做法
1. 将整块带皮五花肉洗净后放入锅中，倒入足以覆盖整块肉的水量，以小火煮至肉熟透后冲冷水。
2. 待五花肉冷却后，放入冰箱冷冻至略硬（较好切片）。
3. 取出五花肉切薄片；另取一锅，倒入 500 毫升水，煮沸后放入五花肉薄片，汆烫过后捞出沥干水分盛盘，淋上蒜味红曲淋酱即可。

示范料理 **红曲白切肉**

香酒汁

用途：制作醉鸡等料理。

材料

A. 鸡高汤 50 毫升、盐 1/2 小匙、鸡精 1/2 小匙、糖 1/4 小匙、当归 1 片、枸杞子 1 小匙

B. 陈年绍兴酒 200 毫升

做法

1. 将当归剪碎备用。
2. 取一汤锅，将材料 A 一起入锅煮开后关火。
3. 待做法 2 的汤凉后，倒入材料 B 即可。

材料
土鸡腿 1 只

调味料
香酒汁适量（以完全浸泡食材为宜）

做法

1. 土鸡腿去骨，卷成圆筒状，用铝箔纸包好固定备用。
2. 将鸡腿肉放入蒸笼，用大火蒸约 12 分钟后取出，以冷水泡凉，并撕掉铝箔纸备用。
3. 将鸡腿肉放入香酒汁中浸泡约一天即可。

示范料理 **醉鸡**

绍兴人参汤

用途：做醉虾等料理。

材料

参须5克、枸杞子20粒、甘草7片、绍兴酒200毫升

做法

取一个汤锅，放入上述所有的材料，以中火煮开约2分钟即可。

材料

草虾15只、姜片5克、绍兴人参汤适量

做法

1. 将草虾的头与须都修剪整齐，挑去肠泥备用。
2. 将处理好的草虾和姜片一起放入滚水中，汆烫约1分钟至变色后，捞起冲冷水备用。
3. 将草虾泡入煮开的绍兴人参汤里，冷却后放入冰箱冷藏3小时以上，至入味即可。

示范料理 **绍兴醉虾**

乳香酱

用途：作为水煮蔬菜的蘸酱，也可以作为沙拉酱做各种沙拉料理。

材料

蛋黄酱 3 大匙、酱油适量、味噌 1 小匙、香油 1 小匙、糖 1 小匙

做法

取一容器，加入上述所有材料，搅拌均匀即可。

麻酱油膏

用途：味道浓郁醇厚，适合蘸红肉、拌蔬菜、拌面。

材料

酱油膏 100 克、芝麻酱 50 克、凉开水 50 毫升、白糖 20 克、蒜头 30 克、葱 20 克

做法

1. 蒜头磨成泥；葱切成末，备用。
2. 将芝麻酱与凉开水调匀成稀糊后，加入做法 1 的材料和其余材料拌匀即可。

香麻辣酱

用途：又麻又辣的风味，适合与口味稍重的食材搭配。除了当凉拌酱，还适合作为面食蘸酱或拌酱，如水饺、包子、饼等。

材料

芝麻酱 50 克、辣椒油 30 毫升、凉开水 20 毫升、花椒粉 1 小匙、酱油 30 毫升、白醋 10 克、白糖 20 克、香油 15 毫升

做法

将上述所有材料混合，拌匀至白糖溶化即可。

橘汁辣拌酱

用途：作为肉类或海鲜食材的拌酱或蘸酱。

材料
甜辣酱 50 克、橘子酱 100 克、细砂糖 10 克、香油 40 毫升、姜 15 克

做法
1. 姜洗净，切成细末备用。
2. 将做法 1 材料和其余材料混合拌匀至细砂糖溶化即可。

面酱汁

用途：可与烤鸭搭配食用，也可与其他肉类搭配作凉拌酱，还可以当作为炒菜酱或烧烤类蘸酱。

材料
甜面酱 100 克、凉开水 30 毫升、细砂糖 30 克、香油 40 毫升、蒜头 30 克

做法
1. 蒜头磨成蒜泥，备用。
2. 将做法 1 材料和其余材料混合拌匀即可。

白芝麻酱

用途：凉拌青菜。

材料
白芝麻酱 2 大匙、白芝麻适量、盐适量、白胡椒粉适量、红辣椒 1/3 个、香菜 1 根、开水 1 大匙

做法
1. 将红辣椒、香菜都洗净切碎，备用。
2. 将做法 1 的材料和其余材料混合拌匀即可。

香葱汁

用途：凉拌青菜。

材料

葱 50 克、姜 15 克、盐 1/2 小匙、鸡精 1/2 小匙、水 300 毫升、色拉油 2 大匙

做法

1. 葱、姜洗净，切细末备用。
2. 热锅，倒入色拉油烧热，先将细葱末、细姜末以小火炒香，再加入做法 1 材料和其他材料搅匀，煮开即可。

辣蚝酱

用途：凉拌青菜。

材料

蒜头 2 瓣、辣椒酱 1 大匙、蚝油 1 大匙、水 2 大匙、细砂糖 1 小匙、色拉油 2 大匙

做法

1. 蒜头切碎末，备用。
2. 热锅，倒入色拉油烧热，先放入蒜末和辣椒酱以小火炒约 30 秒，再加入蚝油、水及细砂糖搅匀，煮开即可。

蚝油青葱酱

用途：凉拌青菜。

材料

葱碎 1 小匙、五味酱 3 大匙、蚝油 1 小匙

做法

将上述所有材料混合拌匀即可。

醋味麻酱

用途：凉拌蔬菜、肉类、海鲜。

材料

白芝麻酱3大匙、凉开水1大匙、鸡精1小匙、醋1大匙、香油1小匙、葱末1大匙

做法

将上述所有材料混合拌匀即可。

白醋酱

用途：凉拌乌贼等海鲜。

材料

糯米醋3大匙、细砂糖1小匙、盐适量、黑胡椒粉适量

做法

将上述所有材料混合拌匀，至细砂糖完全溶化即可。

酸辣汁

用途：可直接凉拌，也可腌渍，适合腥味重的内脏或海鲜。

材料

白醋1大匙、鲜味露1大匙、蚝油1小匙、辣油1大匙、糖适量

做法

将上述所有材料混合拌匀即可。

辣油汁

用途：作为凉拌酱，也适合与
　　　北方面食搭配食用，如
　　　包子、饼类等。

材料

盐 15 克、鸡精 5 克、辣椒粉
50 克、花椒粉 5 克、色拉油
120 毫升

做法

1. 将辣椒粉与盐、鸡精拌匀备
   用。
2. 锅中加色拉油，烧热至约
   150℃后，将热油加入做法 1
   的材料中，并迅速搅拌均匀。
3. 加入花椒粉拌匀即可。

材料

A. 猪耳 1 副、蒜苗 1 根、辣油
   汁 2 大匙
B. 八角 2 粒、花椒 1 小匙、葱
   1 根、姜 10 克、水 1500 毫
   升、盐 1 大匙

做法

1. 将材料 B 混合后煮至沸腾，
   放入猪耳以小火煮约 15
   分钟，取出用凉开水冲洗
   至凉。
2. 将猪耳切斜薄片，再切细
   丝；蒜苗切细丝，备用。
3. 将猪耳丝及蒜苗丝加入辣
   油汁拌匀即可。

示范料理 **麻辣耳丝**

高汤淋酱

用途：凉拌水煮青菜。

材料

高汤5大匙、鸡精5大匙、糖1大匙

做法

将上述所有材料混合拌匀，放入锅中煮滚，等所有材料溶化入味即可。

苦瓜沙拉酱

用途：凉拌苦瓜及其他蔬菜。

材料

蛋黄酱4~5大匙、番茄酱1大匙、花生粉适量

做法

先放蛋黄酱，再加入番茄酱及花生粉调匀即可。

注：若不喜欢花生粉的味道，也可以不加。

豌豆酱

用途：拌生菜沙拉或作为水煮鸡肉蘸酱。

材料

豌豆仁1杯、沙拉酱3大匙、七味粉1小匙、鲜奶油0.5大匙、盐1.5小匙、水2杯

做法

1. 将豌豆仁洗净，加水和盐煮熟后，捞起沥干备用。
2. 将煮熟的豌豆仁与其他材料一起放入果汁机，搅打均匀即可。

热炒酱

麻婆酱

用途：做名菜"麻婆豆腐"，也可用来炒其他菜。

材料
辣豆瓣 2 大匙、酱油 1 大匙、水 4 大匙、糖 1 小匙、水淀粉 4 大匙、香油 1 大匙

做法
1. 油锅烧热，炒香辣豆瓣。
2. 加入酱油、水、糖拌匀。
3. 起锅前用水淀粉勾芡，最后加入香油拌匀即可。

示范料理 **麻婆豆腐**

材料
盒装嫩豆腐 1 盒、猪肉泥 100 克、葱 2 根

调味料
麻婆酱、水淀粉、香油各适量

做法
1. 盒装嫩豆腐切丁；葱切葱花备用。
2. 热油锅，放入麻婆酱拌炒均匀，再放入嫩豆腐丁，以小火煮 1 分钟使其入味后，以水淀粉勾芡，起锅前滴少许香油，撒上葱花即可。

豆腐乳烧酱

用途：爆炒鱿鱼、墨鱼，也可作为水煮鱿鱼、墨鱼的蘸酱。

材料
豆腐乳 3 块、味噌 2 大匙、甜辣酱 2 大匙、海山酱 1 大匙、姜汁 1 大匙、细砂糖 1 大匙、开水 2 大匙、香油 1 大匙

做法
1. 将细砂糖倒入开水中搅拌至溶解。
2. 将做法 1 材料加入其余材料调匀即可。

蚝油快炒酱

用途：炒海鲜、肉类等，也可以加凉开水作为淋酱用，比如淋在烫好的芥蓝上。

材料

蚝油 3 大匙、糖 1/3 大匙、香油 1/2 大匙、蒜末 1/2 大匙、葱末 1 大匙、色拉油 1 大匙

做法

将上述所有材料放在一起搅拌均匀即可。

蚝酱

用途：料理带壳类海鲜。

材料

陈皮 2 片、蒜头 10 瓣、红葱头 8 颗、海鲜酱 5 大匙、芝麻酱 1 大匙、柱侯酱 2 大匙、高汤 50 毫升、色拉油 100 毫升

做法

1. 将陈皮泡开水 5 分钟后，捞起切碎；蒜头及红葱头切碎末，备用。
2. 取一锅加热至约 90 ℃，加入 100 毫升色拉油，以小火爆香蒜头末及红葱末后，加入海鲜酱、芝麻酱及柱侯酱炒香。
3. 加入高汤及陈皮碎煮开，以小火煮约 3 分钟至酱汁浓稠即可。

示范料理 **蚝酱炒蛤蜊**

材料

蛤蜊 500 克、姜 20 克、红辣椒 2 个、蒜头 6 瓣、罗勒 20 克、葱适量

调味料

A. 蚝酱 2 大匙、细砂糖 1/2 小匙、料理米酒 1 大匙
B. 水淀粉 1 小匙、香油 1 小匙

做法

1. 将蛤蜊用清水洗净；罗勒挑去粗茎并用清水洗净沥干；姜洗净切丝；蒜头、红辣椒洗净切片；葱洗净切段，备用。
2. 取锅烧热后加入 1 大匙色拉油（材料外），先放入姜丝、蒜片、红辣椒片、葱段爆香；再将蛤蜊及调味料 A 放入锅中，转中火略炒匀；待煮开出水后翻炒几下，炒至蛤蜊大部分开口后，转大火炒至水分略干；用水淀粉勾芡，再放入罗勒及香油略炒几下即可。

57

宫保酱

用途：制作宫保鸡丁、宫保田鸡、宫保肉片等。

材料

蚝油3大匙、醋1大匙、糖1大匙、白胡椒粉1小匙、酒1大匙、水2大匙、淀粉1小匙、香油适量

做法

将上述所有材料放入锅中，一起调匀煮开，放凉即可。

材料

鸡胸肉200克、蒜头3瓣、葱1根、花生仁20克、干辣椒10克

调味料

宫保酱适量、淀粉1小匙、高汤2大匙

做法

1. 鸡胸肉去骨洗净，切丁；葱洗净切段；蒜头切片，备用。
2. 热锅，放入300毫升油（材料外），烧热至约80℃，将鸡胸肉丁放入锅中炸熟后，捞起沥干油备用。
3. 原锅中留少许油，放入葱段、蒜片和干辣椒下锅爆香。
4. 加入炸好的鸡胸肉丁及所有调味料拌炒均匀后，放入花生仁拌炒一下即可。

示范料理 **宫保鸡丁**

京都排骨酱

用途：制作排骨、鸡胸肉、老
豆腐、海鲜等料理。

材料

A. 水 1 杯、糖 3/4 杯、海山酱 2
大匙、醋 1 大匙、白醋 1 大匙、
番茄酱 1/3 杯
B. 洋葱 1/3 个（切末）、红甜椒
1/4 个（切末）、西红柿 1/4
个（切末）、蒜 3 瓣（切末）、
罐头菠萝片 1 片（切碎）、香
菜 1 根（切碎）

做法

将材料 B 炒香后，加水（材料
外）以小火煮 30 分钟，再加入
材料 A 拌匀即可。

材料

小排骨 300 克、小苏打 1 小匙、
盐 1 小匙、鸡精 1 小匙、咖喱粉
1 大匙、蒜泥 1 大匙、洋葱末 1
大匙

调味料

京都排骨酱适量

做法

1. 小排骨洗净，沥干备用。
2. 将小排骨与其余材料一起拌
匀，腌渍 30 分钟左右。
3. 将腌好的排骨炸至呈金黄色，
再加入京都排骨酱炒匀即可。

示范料理 京都排骨

59

糖醋酱

用途：制作糖醋排骨、肉丸、鸡丁、墨鱼、鱼等。

材料
白醋 45 毫升、番茄酱 30 毫升、糖 60 克、水 45 毫升

做法
将上述全部材料混合拌匀即可。

酱料小常识
不同品牌的番茄酱会影响酱汁的酸甜度，所以制作的时候建议边做边品尝，以调出符合自己喜好的口味。

示范料理 糖醋排骨

材料
小排骨 360 克、青辣椒 50 克、红甜椒 50 克、淀粉 5 克

调味料
A. 鸡精 1 克、盐 1 克、蛋液 5 克、米酒 3 毫升
B. 水淀粉 10 毫升、糖醋酱适量

做法
1. 将小排骨剁成约 2 厘米见方的小块，用调味料 A 腌约 5 分钟至入味；青辣椒、红甜椒洗净切小块，备用。
2. 将腌好的小排骨块均匀沾裹上淀粉，并用手捏紧防止淀粉脱落。
3. 热锅，倒入 400 毫升色拉油（材料外），加热至 170 ℃时，放入排骨块以小火慢炸约 5 分钟，至表面呈金黄色，捞起沥油，备用。
4. 另取一平底锅，加入 15 毫升色拉油（材料外），放入青辣椒、红甜椒块略炒，加入糖醋酱，煮至酱汁滚沸后倒入水淀粉勾芡，最后加入炸好的小排骨一同拌炒均匀即可。

酸甜糖醋酱

用途：制作糖醋料理，但需加热过后才可使用。

材料
罐头菠萝片 100 克、罐头菠萝汁 250 毫升、糖醋酱底 250 毫升、白醋 400 毫升、细砂糖 400 克、盐 20 克

做法
罐头菠萝片切小丁，连同所有材料拌匀，煮至沸腾后关火，放凉过滤取酱汁即可。

糖醋酱底
材料：
菠萝 1/4 个、洋葱 1/2 个、胡萝卜 1/2 根、芹菜 50 克、白话梅 5 颗、水 1000 毫升

做法：
菠萝、洋葱、胡萝卜、芹菜洗净去皮切小片，加水、白话梅一起煮至沸腾，转小火熬煮约 1 小时后熄火，放凉过滤取酱汁即可。

海鲜用三杯酱

用途：鱼、肉、素食食材等皆可用此酱慢火炖烩。

材料
米酒1杯、桂皮5克、细冰糖1/2杯、蚝油1杯、辣椒酱1/2杯、咖喱粉1小匙、鸡精1大匙、西红柿汁2大匙、胡椒1小匙、醋1/4杯

做法
1. 将米酒、桂皮和细冰糖，以中火煮至沸腾后放凉，捞除桂皮。
2. 将做法1材料加入其余材料，一起拌匀即可。

材料
田鸡2只、香油2大匙、姜4片、红辣椒1个、葱1/2根、炸蒜头6瓣、高汤1杯、罗勒适量

调味料
海鲜用三杯酱2大匙

做法
1. 田鸡洗净后，将爪的部分切除，然后切成块；红辣椒、葱洗净切段，备用。
2. 将田鸡块放入约150℃六分满的油锅内，以大火炸至油爆、量变小、田鸡表面酥脆，即可捞起。
3. 另热一锅放入香油，加入姜片略煎，直到姜片卷曲，再放入辣椒段、葱段、炸蒜头，一起爆香。
4. 加入海鲜用三杯酱、高汤和炸田鸡块，以大火拌炒均匀，煮至收汁，最后加入罗勒略拌炒即可。

示范料理 **三杯田鸡**

醋熘鱼酱汁

用途：制作醋熘鱼等料理。

材料

A. 番茄酱 1/2 杯、柠檬汁 10 毫升、糖 2 大匙
B. 凉开水 1 杯、淀粉 1 大匙
C. 香油 1 大匙

做法

1. 将材料 A 置于容器中，隔水加热至糖全部溶化。
2. 将材料 B 搅拌至溶化后，加入做法 1 的材料中一起用小火熬煮至浓稠。注意要一边煮一边搅拌，以免烧焦。
3. 酱汁浓稠后，离火加入香油，搅拌均匀即可。

高升排骨酱

用途：除了可以用来制作高升排骨，也可以用类似三杯的做法烹煮鸡肉、墨鱼仔等。

材料

酒 1 大匙、糖 2 大匙、醋 3 大匙、酱油 4 大匙、水 5 大匙

做法

将上述所有的材料熬煮至略浓稠即可。

注：高升排骨酱因配方而得名，1 大匙酒、2 大匙糖、3 大匙醋、4 大匙酱油、5 大匙水，有一步一步逐渐高升的含义。

橙汁排骨酱

用途：制作橙汁排骨、鸡肉、鱼排等料理。

材料

A. 水 6 大匙、盐 1 小匙、砂糖 3 大匙、橙汁 1/2 杯
B. 洋葱 1/4 颗、红甜椒 1 个、西红柿 1/2 个、蒜头 10 瓣（切末）、菠萝肉 2 片（切丁）、香菜头 3 根
C. 吉士粉、香油各适量

做法

1. 将材料 B 炒香后加水（材料外）煮 30 分钟，滤掉残渣，并将汤汁倒入材料 A 中。
2. 加入适量吉士粉及香油拌匀即可。

鱼香酱

用途：制作鱼香肉丝、鱼香茄子、鱼香豆腐等料理。

材料

辣豆瓣酱 1 大匙、酱油 1 大匙、水 4 大匙、醋 1 大匙、糖 1 大匙、酒 1 大匙、淀粉 2 小匙、葱末 1 大匙、姜末 1 大匙、蒜末 1 小匙、油 1 大匙

做法

将 1 大匙油下锅，等油热后将其余所有材料倒入，拌炒至略浓稠即可。

蔬菜用三杯酱

用途：制作各式蔬菜的三杯料理。

材料

米酒 1 杯、肉桂粉 1/4 小匙、白糖 1/2 杯、酱油膏 1 杯、辣豆瓣 1/2 杯、甘草粉 1 小匙、鸡精 1 大匙、西红柿汁 2 大匙、胡椒 1 小匙、醋 1/4 杯

做法

将以上所有材料混合拌匀即可。

肉类用三杯酱

用途：制作三杯鸡、肥肠等各式三杯肉类料理。

材料

米酒 1 杯、桂枝 5 克、麦芽 1/2 杯、酱油 1/2 杯、辣椒粉 1/2 小匙、五香粉 1/4 小匙、香菇粉 1 大匙、西红柿汁 1/4 杯、胡椒 2 小匙、醋 1/4 杯

做法

1. 将米酒、桂枝和麦芽以中火煮到沸腾，然后熄火，放凉，并将桂枝去除。
2. 在做法 1 材料中加入其余材料，一起拌匀即可。

红烧酱

用途：用于鱼、肉、素食材料等的慢火炖烩均可。

材料
酱油1.5大匙、醋1大匙、水3大匙、糖1/2大匙、香油1/3大匙、葱末2大匙、姜末1大匙、酒1/3大匙

做法
将上述所有材料混合拌匀即可。

京酱

用途：吃起来相当顺口的京酱可用于腌渍肉类或作为烩酱。

材料
水1大匙、甜面酱2大匙、番茄酱1小匙、料酒1/2小匙、糖1小匙、淀粉1/2小匙

做法
将上述所有材料混合拌匀即可。

材料
肉丝150克、葱5根

调味料
A. 酱油1小匙、嫩肉粉1/4小匙、淀粉1小匙、蛋清1小匙
B. 京酱3大匙、香油1小匙

做法
1. 肉丝用材料A腌制约10分钟备用。
2. 葱洗净后切丝，沥干装盘备用。
3. 热油锅，放入腌好的肉丝，以小火炒散后，开大火略炒。
4. 淋入京酱，并快速翻炒至匀，滴入香油后起锅，放在做法2的葱丝上摆盘即可。

示范料理 **京酱炒肉丝**

干烧酱

用途：干烧鱼块、虾仁、螃蟹等海鲜。

材料
米酒 5 大匙、番茄酱 1 瓶、醋 1/3 瓶、辣椒酱 4 大匙、糖 8 大匙、盐 1 小匙、鸡精 1 小匙、姜蓉 1 大匙、蒜蓉 1 大匙

做法
将上述所有材料一起煮匀即可。

示范料理 **干烧花蟹**

材料
A. 花蟹 2 只
B. 盐 1 小匙、鸡精 1 小匙、淀粉 1 大匙
C. 葱末 1 大匙、红辣椒末 1 大匙、蒜末 1 大匙
D. 干烧酱适量

做法
1. 花蟹洗净沥干，剁成 4 块。
2. 将花蟹与材料 B 拌匀后，炸至金黄备用。
3. 起锅热油后爆香材料 C，加入干烧酱炒热，再放入炸后的花蟹翻炒入味，随即将汁收浓，装盘即可。

爆香调味酱

用途：可作为食物蘸酱或用来拌炒青菜肉片，平时可放冰箱冷藏备用。

材料
葱 2 根、蒜头 5 瓣、蚝油 1 大匙、香油 1 小匙、红辣椒 1 小匙、糖 1.5 小匙、粗胡椒盐 2 小匙

做法
1. 葱洗净，切成 1 厘米长的段；蒜头拍打成粗丁；红辣椒洗净，依个人喜好切成适当大小。用热油炸至金黄略焦，注意不可炸得太焦黑。
2. 将做法 1 材料和其余所有材料拌匀即可。

软煎肉排酱

用途：软煎鱼或者猪肝。

材料
辣椒酱 1/2 杯、酱油膏 2 大匙、砂糖 1 大匙、味醂 1 大匙、香油 1 大匙、高汤 1/2 杯

做法
将上述所有材料混合拌匀即可。

台式红烩海鲜酱

用途：将虾仁、干贝、墨鱼等海鲜切好后氽烫沥干，再用台式红烩海鲜酱拌炒入味即可。

材料
辣椒酱 1 大匙、番茄酱 2 大匙、水 3 大匙、米酒 1 大匙、香油 1/2 大匙、姜末 1 大匙、葱末 2 大匙

做法
1. 取锅，把葱末之外的所有材料放入锅中调匀。
2. 开小火煮至沸腾后关火，加入葱末拌匀即可。

什锦烩酱

用途：可以拌炒青菜，也可以淋在饭（面）上，或做烩饭（面），也可夹入法国面包中食用，或作为面包抹酱。

材料
什锦蔬菜适量、肉泥 1/2 杯、洋葱丁 2 大匙、蘑菇 4 朵（切丁）、白胡椒粉 1/2 小匙、盐 1.5 小匙、糖适量、水 2 杯、水淀粉 40 克

做法
把水加热，依次放入肉泥、洋葱丁、蘑菇丁、什锦蔬菜等材料，煮熟后加入盐、糖、白胡椒粉搅匀，用水淀粉勾芡即可。

马拉盏

用途：炒鱿鱼、炒菜、炒面、拌水煮青菜等。

材料

虾膏 50 克、虾米 10 克、蒜头 40 克 、红葱头 30 克、红辣椒 20 克、色拉油 250 毫升、细砂糖 1 小匙

做法

1. 虾米泡开水 5 分钟后沥干，与洗净的蒜头、红葱头、红辣椒一起剁碎备用。
2. 锅中倒入色拉油烧热，将所有材料一起下锅，并用小火慢炒，炒至香味溢出即可。

辣椒酱

用途：热炒、烧烤、炖煮，或作为一般调味料。

材料

A. 尖尾红辣椒 200 克、色拉油 80 毫升、蒜末 60 克
B. 豆瓣酱 45 克、味噌 45 克、冰糖 20 克、白醋 20 毫升、盐 8 克、水 3 杯
C. 淀粉 20 克、凉开水 80 毫升

做法

1. 将尖尾红辣椒洗净，剥去蒂头绞碎，放入锅内，加入色拉油、蒜末炒香。
2. 加入材料 B 拌匀，以中小火煮 7~8 分钟。
3. 加入混匀的材料 C 勾芡，熄火后待凉即可。

豆豉酱

用途：热炒各式肉类、海鲜。

材料

豆豉 2 大匙、红葱头 2 颗、蒜头 2 瓣、糖 1/4 小匙、色拉油 2 大匙

做法

1. 豆豉、红葱头、蒜头洗净剁碎备用。
2. 锅中倒入色拉油烧热，放入红葱头碎及蒜碎以小火略炒。
3. 倒入豆豉碎及糖一起翻炒，炒至香味散发出来即可。

蒸煮酱

破布子酱

用途：蒸鱼或肉类等食材。

材料

破布子 50 克（包含汁）、姜 10 克、蒜头 20 克、米酒 50 毫升、葱花适量

做法

1. 姜、蒜头洗净切碎；破布子略捏破，备用。
2. 将做法 1 材料和其余所有材料充分混合拌匀，即为破布子酱。

材料

破布子酱适量、尖吻鲈1条（约 500 克）、葱花适量

做法

1. 尖吻鲈洗净后，从鱼背鳍与鱼头交界处纵切一刀，深至龙骨直划到鱼尾。
2. 煮一锅水，水滚后放入尖吻鲈，汆烫约 5 秒后取出，放置于蒸盘上。
3. 将破布子酱淋至尖吻鲈上，封上保鲜膜，放入蒸笼以大火蒸约 15 分钟后取出，撕除保鲜膜，撒上葱花、淋入香油（材料外）即可。

示范料理 **破布子蒸鱼**

豆瓣蒸酱

用途：蒸海鲜或肉类等食材。

材料
辣豆瓣 150 克、蒜末 20 克、姜末 10 克、酒酿 50 克、细砂糖 1 大匙、水 30 毫升

做法
将上述所有材料混合拌匀，即为豆瓣蒸酱。

清蒸淋汁

用途：清蒸各种海鲜。

材料
香菇蒂 20 克、姜片 10 克、葱段 15 克、红辣椒 1 个、芹菜 20 克、香菜茎 5 克、水 300 毫升

调味料
鱼露 2 大匙、蚝油 2 大匙、酱油 3 大匙、细砂糖 3 大匙、白胡椒粉 1/4 小匙

做法
1. 葱段、芹菜及红辣椒洗净后，拍松放入汤锅中，加入其余材料以大火煮至滚沸，转小火滚约 5 分钟后熄火，滤除汤料，留下清汤备用。
2. 取做法 1 的清汤约 60 毫升，加入所有调味料调匀即可。

蒜味蒸酱

用途：蒸鱼、贝类或虾类等海鲜。

材料
酱油 1 大匙、胡椒粉 1 小匙、蒜泥 2 大匙、米酒 1 大匙、鸡油 1 大匙、水淀粉 1 大匙、盐 1/2 小匙、糖 1 小匙、鸡精 1 小匙、姜泥 1 大匙、水 3 大匙

做法
将上述所有材料混合煮匀即可。

港式XO酱

用途：蒸肉，或作为热炒酱、拌面酱等。

材料
虾米 160 克、虾皮 80 克、火腿 480 克、干贝 240 克、马友咸鱼 40 克、泰国辣椒 320 克、小辣椒 80 克、蒜头 320 克、红洋葱 160 克、香茅粉 40 克、辣椒粉 80 克、色拉油 320 毫升

调味料
鸡精 40 克、糖 40 克、辣椒油 40 毫升

做法
1. 火腿用清水洗净后切片，备用。
2. 煮一锅水至滚沸，放入火腿片汆烫约 10 分钟后捞起沥干水分，放凉后切丝备用。
3. 将虾米、虾皮用开水浸泡约 10 分钟后，捞起沥干水分，切碎备用。
4. 将干贝用凉开水浸泡约 20 分钟，再放入电饭锅中蒸 15 分钟，捞起沥干水分，待凉后撕成丝，备用。
5. 将马友咸鱼去骨切成细丝，备用。
6. 将泰国辣椒、小辣椒、蒜头、红洋葱等材料洗净切碎，备用。
7. 取一锅，加入 300 毫升色拉油，以中火烧热至 120 ℃，将虾米碎、虾皮碎、马友咸鱼丝，以及泰国辣椒、小辣椒、红洋葱碎都下锅油炸约 10 分钟，过程中需不停地翻动以避免粘锅。
8. 将蒜碎下锅，炸至表面金黄，过程中需不停地翻动以避免粘锅。
9. 放入火腿丝、干贝丝与所有调味料，油炸约 5 分钟后熄火，过程中需不停地翻动以避免粘锅。
10. 加入香茅粉、辣椒粉，以及 20 毫升色拉油略为搅拌即可。

示范料理 XO 酱蒸鸡

材料
去骨鸡腿肉 240 克、香菇 30 克、葱 10 克、姜 20 克、水 100 毫升、热油 2 大匙

调味料
港式 XO 酱 2 小匙、蚝油 2 小匙、盐 1/2 小匙、糖 1/2 小匙、鸡精 1/2 小匙、淀粉 2 小匙、香油少许、胡椒粉适量、米酒适量

做法
1. 香菇用冷水浸泡约 1 小时，将泡软后的香菇去蒂洗净并切片，备用。
2. 将去骨鸡腿肉用清水洗净并切块，备用。
3. 葱洗净切段，姜洗净切片，备用。
4. 将切好的鸡腿肉块拌入所有调味料与 100 毫升水，再加入香菇片与葱段、姜片，放入电饭锅中蒸约 12 分钟。
5. 起锅后淋上热油即可。

用途：可作为蘸酱，蘸五花肉
等肉类；或作为蒸酱，
适合蒸鱼虾类食材。

材料

蒜头酥50克、红辣椒末5克、
酱油2大匙、蚝油3大匙、
米酒20毫升、细砂糖1小匙、
水45毫升

做法

将上述所有材料混合拌匀，
即为蒜酥酱。

中式酱料篇·蒸煮酱

材料
乌仔鱼1条（约600克）、
蒜酥酱适量

做法
1. 乌仔鱼洗净后沥干水分，
   从鱼背鳍与鱼头交界处纵
   切一刀，深至龙骨并直划
   到鱼尾。
2. 热一油锅，烧热至约180℃
   时，将乌仔鱼下锅，大火炸
   约2分钟至表面金黄酥脆
   后，捞出沥干油。
3. 将乌仔鱼置于锡箔纸上，
   淋上蒜酥酱，再将锡箔纸
   包好，放入蒸笼中以大火
   蒸约20分钟后，取出打开
   锡箔纸即可。

示范料理 **香蒜蒸鱼**

腌冬瓜酱

用途：蒸海鲜等食材。

材料

咸冬瓜 200 克、鱼露 30 毫升、细砂糖 1 小匙、米酒 1 大匙、姜丝 5 克

做法

将咸冬瓜切片后，与其他材料充分混合拌匀即可。

苦瓜酱

用途：蒸海鲜等食材。

材料

苦瓜 130 克、蒜末 20 克、红辣椒末 5 克、姜末 10 克、米酒 20 毫升、水 15 毫升、酱油膏 1 大匙

做法

将苦瓜切碎后，与其他材料充分混合拌匀即可。

豆豉酱

用途：拌面、拌饭或蒸排骨，风味极佳。

材料

豆豉 1 碗、肉泥 1 碗、蒜末 1/2 碗、红辣椒 1/4 碗、油 1/2 碗

做法

1. 起油锅，将豆豉炸至爆香捞起备用。
2. 利用原来的油锅将肉泥炒熟，接着加入蒜末爆香，再加入红辣椒微炒，最后将炸过的豆豉加入炒匀。
3. 如果油量过少，必须再加入更多的油，直到油淹过材料，加热至沸腾后熄火，放凉后装瓶保存即可。

注：装瓶后放入冰箱冷藏，可随时取用。

葱味酱

用途：煮禽肉类，如鸡、鸭、鹅肉。

材料

红葱酱1大匙、葱1根、香油1大匙、盐适量、白胡椒粉适量、酱油1小匙

做法

1. 葱洗净切碎，备用。
2. 取一容器，放入做法1的葱碎和其余材料，搅拌均匀即可。

柳橙柠檬蒸汁

用途：蒸鱼，如鳕鱼等海鲜。

材料

A. 鲜柳橙皮15克、水淀粉1大匙、香油1小匙
B. 姜末5克、白醋1小匙、盐1/4小匙、细砂糖1大匙、柠檬汁20毫升、柳橙汁100毫升、水50毫升

做法

1. 将鲜柳橙皮洗净，切去皮内白膜后，再将鲜柳橙皮切成细丝，备用。
2. 取一锅，烧热后将所有材料B加入锅中，以小火煮滚后用水淀粉勾芡，淋上香油，再加入做法1材料的鲜柳橙丝搅拌均匀即可。

椒麻辣油汤

用途：煮肉类料理，如牛肉等。

材料

小黄瓜1根、白菜30克、香菜2根、红辣椒1个、蒜头3瓣、姜5克、芹菜3根、香油1大匙

调味料

干辣椒10个、花椒粒1小匙、辣油2大匙、酱油2大匙、米酒1大匙、辣豆瓣酱2大匙、细砂糖1小匙、盐适量、黑胡椒粉适量、水500毫升

做法

1. 将小黄瓜、白菜、芹菜、香菜都洗净切成小条；红辣椒、蒜头、姜都洗净切片，备用。
2. 起一个炒锅，加入1大匙香油，放入做法1的所有材料以小火爆香。
3. 加入所有调味料，以中火煮约15分钟，过滤取汁即可。

蚝油蒸酱

用途：清蒸鱼、虾、贝类等多种海鲜。

材料

蚝油1大匙、酱油2大匙、水150毫升、细砂糖1大匙、白胡椒粉1/6小匙

做法

将上述所有材料混合拌匀即可。

蒜泥蒸酱

用途：可与各种海鲜一起清蒸，除了去除海鲜的腥味还可以提味。

材料

A. 蒜泥50克
B. 色拉油2大匙、米酒1小匙、水1大匙

做法

1. 取一锅，加入色拉油，待锅烧热至约150℃后熄火。
2. 趁锅热时，将蒜泥入锅略炒香，再加入材料B中其余材料混合拌匀即可。

豆豉蒸酱

用途：与鲜鱼同蒸最合适，既开胃又下饭。

材料

A.豆豉80克、蒜末20克、姜末5克、红辣椒末5克、红葱头末10克
B.酱油1.5大匙、细砂糖1小匙、米酒1大匙、水50毫升

做法

1. 将豆豉洗净剁碎，备用。
2. 取一炒锅，烧热后加入约1大匙色拉油（材料外），以小火爆香材料A中的姜末、蒜末、红辣椒末与红葱头末后，加入豆豉碎一起炒香。
3. 加入材料B，煮滚即可。

蒸鱼梅子酱

用途：蒸海鲜类，也可当蘸酱使用。

材料

紫苏梅6颗、梅子酱1大匙、酒1大匙、水2大匙、葱丝适量、姜丝适量、盐1小匙、香油1小匙

做法

1. 将葱、姜洗净切丝，备用。
2. 将酒、梅子酱、紫苏梅、盐、香油、水放在一起泡约15分钟，等味道融合后，再放入葱丝、姜丝拌匀即可。

沙茶甜酱

用途：适用于各种炸物、清蒸料理。

【材料】

沙茶酱1大匙、花生酱1大匙、甜辣酱2大匙、凉开水2大匙

【做法】

将上述所有材料混合调匀即可。

清蒸螃蟹、沙虾蘸酱

用途：可作为清蒸海鲜如螃蟹、鱼，或水煮虾的蘸酱。

【材料】

姜末1/2杯、醋3/4杯、细砂糖1/2杯、水1/4杯、盐适量

【做法】

将醋、细砂糖、水和盐一起煮开至糖完全溶化，放入姜末继续煮开后熄火，放凉后装瓶冷藏，食用时取出即可。

中药酒汁

用途：蒸鱼或鸡肉。

【材料】

当归5克、枸杞子5克、红枣5颗、绍兴酒80毫升、鱼露50毫升、盐1/4小匙、细砂糖1小匙

【做法】

将当归剪成小块，与其他材料混合拌匀，放置约10分钟使其入味即可。

香糟蒸酱

用途：蒸海鲜类食材。

【材料】

A.蒜末20克、姜末15克、辣椒酱20克
B.香糟50克、绍兴酒1大匙、细砂糖1大匙、水50毫升、蚝油50克

【做法】

热锅，加入2大匙色拉油（材料外）烧热，放入材料A略炒香，再加入材料B以小火炒匀即可。

冰镇卤汁

用途：做冰镇卤味，如卤鸡爪、鸭舌等。

卤包材料

草果2颗、豆蔻2颗、沙姜10克、小茴
香3克、花椒4克、甘草5克、八角5克、
丁香2克

卤汁材料

葱2根、姜50克、蒜40克、水3000
毫升、酱油800毫升、白砂糖200克、
米酒50毫升

做法

1. 葱洗净，切段后用刀拍扁；姜洗净后去皮，
   切片后拍扁；蒜去皮，洗净后拍扁，备用。
2. 将草果及豆蔻拍碎后，与其他卤包材料
   一起放入棉质卤包袋中包好，即为卤包。
3. 取一炒锅，倒入3大匙色拉油（材料外）
   烧热，放入做法1的材料以小火爆香，
   再加入其他卤汁材料与卤包，以大火煮
   至滚沸，改小火续煮约10分钟至香味散
   发出来即可。

示范料理 **卤鸡爪**

材料
鸡爪600克、冰
镇卤汁2000毫
升、香油1大匙

做法
1. 鸡爪洗净，剁去脚趾。
2. 取一深锅，加半锅水煮至滚
   沸，放入鸡爪汆烫约1分钟，
   去血水即捞起，接着放入冷水
   中泡凉，捞起沥干水分。
3. 另取一锅，倒入冰镇卤汁以大
   火煮至滚沸时，放入鸡爪以小
   火续滚约5分钟，熄火，盖上
   锅盖浸泡约10分钟至入味。
4. 将鸡爪捞出，盛入盘中，淋上
   香油，待凉后即可食用。
注：可依个人爱好放上少许香菜。

荫瓜什锦酱

用途：蒸肉泥或作为肉丸子的调味酱。

材料

荫瓜末1/2杯、蒜末1大匙、香油1大匙、细
砂糖1/2大匙、葱末1大匙、红辣椒末1/2大匙

做法

将上述所有材料一起拌匀即可。

注：荫瓜末粗细可依个人喜好而定。

菠萝米酱

用途：烹煮菠萝鸡、竹笋汤、苦瓜汤。

材料
菠萝1/4个、粗米酱2杯、豆瓣2杯

做法
将菠萝切块，沥干水分，加入粗米酱、豆瓣腌泡3~6天至入味即可（要放入冰箱冷藏）。

注：也可用豆腐乳酱泡制，但豆腐乳要适量，如水分不足，可加适量凉开水腌泡，至盖过菠萝即可。

蜜番薯糖酱

用途：制作蜜番薯等点心。

材料
赤砂糖300克、麦芽膏60克、黑糖50克、白醋1大匙、水1.5杯

做法
将上述所有材料放入锅中，一边搅拌一边煮至滚沸即可。

糖葫芦酱

用途：制作糖葫芦等点心。

材料
赤砂糖300克、麦芽膏60克、盐2克、水120毫升

做法
将上述所有材料入锅煮滚至浓稠（呈牵丝状，糖温128~130℃）即可。

注：糖酱煮好时，可加入适量食用红色素轻轻摇匀，以增色。

鱼汤咖喱汁

用途：做海鲜类咖喱，稀释后加热可作为咖喱汤。

材料

色拉油2大匙、红葱头碎20克、姜碎8克、蒜碎8克、红辣椒碎15克、米酒15毫升、圆白菜丁50克、鱼高汤600毫升

调味料

酱油15毫升、蚝油1/2小匙、辣豆瓣酱1/2小匙、咖喱粉2大匙、大茴香1/4小匙、白胡椒粉适量、糖适量、盐适量

做法

1. 热锅放油，以中小火炒香红葱头碎、姜碎、蒜碎、红辣椒碎，加入酱油、蚝油、辣豆瓣酱、米酒炒煮约3分钟后，加入圆白菜丁拌炒约1分钟。
2. 加入咖喱粉、大茴香继续拌炒约2分钟后，加入鱼高汤继续煮约10分钟，最后以白胡椒粉、糖、盐调味即可。

西红柿咖喱酱

用途：可作为肉类或蔬菜炒酱。

材料

A. 番茄酱2大匙、咖喱粉1大匙、水240毫升、盐1小匙、香油1/3大匙
B. 淀粉1/3大匙、水1大匙

做法

1. 将水煮沸后加入材料A，用小火煮至酱汁收干约成半杯量。
2. 加入材料B勾芡，不用太浓，适量即可。（不勾芡亦可）

油膏酱

用途：快炒店中最常使用的调味酱料之一，炒、蒸、烧、蘸都很适合，口味甘甜，可和任意海鲜、蔬菜或肉类搭配制作料理。

材料

蒜泥100克、五香粉1大匙、甘草粉1大匙、辣椒粉1小匙、酱油膏400毫升、白糖5大匙、米酒50毫升、水50毫升

做法

1. 热锅，加入适量色拉油（材料外），以小火爆香蒜泥。
2. 加入五香粉、甘草粉和辣椒粉略翻炒至香味溢出。
3. 加入酱油膏、白糖、米酒和水煮至滚沸即可。

荫菠萝酱

用途：蒸虱目鱼等鱼类食材。

材料
咸菠萝酱200克、姜末15克、红辣椒末10克、细砂糖1小匙、米酒1大匙

做法
将咸菠萝酱和其他材料混合拌匀即可。

红曲蒸酱

用途：蒸加州鲈等鱼类食材。

材料
红曲酱60克、蒜头10克、姜5克、绍兴酒1大匙、盐1/4小匙、细砂糖1小匙

做法
姜、蒜头切碎，与其他所有材料一起混合拌匀即可。

炖肉酱汁

用途：专用于电饭锅炖肉的酱汁，口味适中，浓淡适宜。

材料
酱油30毫升、味酥30毫升、糖30毫升、水210毫升

做法
将上述所有材料混合拌匀即可。

烧烤酱

烤肉酱

用途：烧烤，或作为炒酱。

材料

蒜头40克、酱油膏100克、五香粉1克、姜10克、凉开水20毫升、米酒20毫升、胡椒粉2克、细砂糖25克

做法

将上述所有材料放入果汁机内打成泥即可。

材料

带骨鸡胸肉1/2块、地瓜粉2杯、烤肉酱适量、油适量

调味料

A.葱2根、姜10克、蒜头40克、水100毫升

B.五香粉1/4小匙、细砂糖1大匙、鸡精1小匙、酱油膏1大匙、小苏打1/4小匙、米酒2大匙

做法

1. 鸡胸肉去骨、去皮，从鸡胸肉侧面中间横剖到底，但不要切断，摊开成一大片成鸡排。
2. 将葱、姜、蒜头一起放入果汁机中，加水打成汁，再用滤网将渣滤除。
3. 在做法2中加入调味料B，拌匀后即成腌汁。
4. 将鸡排放入腌汁中密封好后，放入冰箱冷藏约2小时。
5. 将腌好的鸡排取出，放入地瓜粉里，用手掌按压让粉沾紧。
6. 鸡排翻至另一面，同样略按压后，拿起轻轻抖掉多余的粉，再静置约1分钟使粉回潮。
7. 热一锅油至180℃，放入鸡排，炸约2分钟至表面金黄，起锅沥干油。
8. 用毛刷蘸烤肉酱涂至鸡排上，放至烤炉上烤至香味溢出后，翻面再烤，再涂上一层烤肉酱，烤至略焦香即可。

示范料理　炭烤鸡排

示范料理　蒜味鱿鱼

材料

鱿鱼3只、柠檬1个

调味料

蒜味烤肉酱适量

做法

1. 鱿鱼洗净，垂直剖开，清除内脏后，将鱿鱼摊平；柠檬切瓣，备用。
2. 将鱿鱼放入沸水中汆烫约30秒，捞起以竹签串起。
3. 将鱿鱼平铺于网架上，以中小火烤约12分钟，并涂上适量的蒜味烤肉酱。
4. 食用时，用柠檬瓣挤汁在鱿鱼上即可。

蒜味烤肉酱

用途：作为烧烤肉类调味蘸酱，或烹调炒菜的炒酱。

材料

酱油2大匙、蚝油2大匙、冰糖（或麦芽糖）2大匙、五香粉适量、胡椒粉1/4小匙、水3.5杯、料酒1大匙、蒜头12瓣

做法

1. 锅中放入2大匙色拉油（材料外），先将蒜头放入油锅中，炸至微黄时立即捞起。
2. 另起锅，将其余材料放入锅中烧开，再放入炸好的蒜头稍微熬煮至浓稠即可。

蜜汁烤肉酱

用途：用于烧烤，或作为炒酱。

材料

甜面酱50克、红糟腐乳30克、洋葱1/2个、凉开水400毫升、酱油100毫升、麦芽糖100克、白砂糖60克、色拉油50毫升

做法

1. 洋葱去皮切末，备用。
2. 热一锅，加入色拉油，将洋葱末入锅炒至金黄。
3. 加入甜面酱、红糟腐乳再炒约3分钟。
4. 加入凉开水、酱油、麦芽糖、白砂糖继续煮约15分钟，煮好后过滤即可。

示范料理 **蜜汁梅花肉排吐司**

材料
梅花肉100克、吐司2片

调味料
蜜汁烤肉酱适量

做法

1. 将梅花肉洗净，切成薄片备用。
2. 将梅花肉片平铺于网架上，以中小火烤约10分钟，并涂上适量的蜜汁烤肉酱。
3. 将梅花肉片放于吐司上即可。

蒜味沙茶烤肉酱

用途：可用于腌渍，和羊肉这种膻味比较重的肉类搭配非常适合。

材料

蒜头100克、烤肉酱100毫升、沙茶酱1大匙、糖1小匙、黑胡椒粉(粗粒)1小匙、酱油膏200毫升、米酒1大匙、水40毫升

做法

将上述所有材料放入果汁机内打成酱汁即可。

五香烤肉酱

用途：可作为烧烤酱和腌酱。

材料
酱油膏300毫升、姜20克、蒜头50克、糖1大匙、辣椒粉1小匙、五香粉1小匙

做法
1. 将蒜头、姜去皮拍碎切末，备用。
2. 取一大碗，加入其他所有材料混合拌匀即可。

五香蜜汁酱

用途：可作为烧烤酱和腌酱。

材料
五香粉2克、麦芽糖100克、豆瓣酱40克、酱油膏50克、蒜泥25克、水30毫升

做法
1. 将上述所有材料一起拌匀备用。
2. 热锅，倒入做法1的材料，以小火煮开后熄火，置于室温下放凉即可。

麻辣烤肉酱

用途：可作为烧烤酱和腌酱。

材料
辣豆瓣酱2大匙、花椒粉1/4小匙、孜然粉1/4小匙、五香粉1/4小匙、朝天椒粉1/2小匙、蒜头20克、酱油1大匙、糖1小匙、米酒1大匙、水1大匙

做法
1. 将蒜头去皮拍碎切末，备用。
2. 取一大碗，加入其他所有材料混合拌匀即可。

葱香烧肉酱

用途：烧烤肉类。

材料

葱300克、水200毫升、米酒20毫升、盐20克、鸡精15克、白砂糖10克、玉米粉15克

做法

1. 将葱洗净切段，放入搅拌机（或果汁机）中加适量水，搅打成泥。
2. 玉米粉加20毫升水调匀备用。
3. 将葱泥放入锅内，以中火煮开，加入米酒、盐、鸡精、白砂糖调味，最后放入玉米粉水勾芡即可。

洋葱烤肉酱

用途：烧烤肉类或海鲜，也可当作一般调味料用于热炒。

材料

红葱酥15克、洋葱20克、蒜头25克、酱油膏80克、五香粉1/2小匙、细砂糖12克、凉开水30毫升

做法

1. 洋葱洗净去皮，切小块备用。
2. 将洋葱块与其余材料一起放入果汁机内打成泥即可。

芝麻烤肉酱

用途：烧烤各式食材。

材料

芝麻酱35克、细砂糖15克、蚝油40克、蒜泥30克、凉开水80毫升

做法

1. 将上述所有材料一起拌匀备用。
2. 热锅，倒入做法1的所有材料，以小火煮开后熄火，置于室温下放凉即可。

京式烤肉酱

用途：烧烤肉类，或作热炒酱。

材料

甜面酱50克、红葱头15克、米酒20克、细砂糖25克、辣椒酱10克、水20毫升

做法

将上述所有材料一起放入果汁机内打成泥即可。

咖喱花生酱

用途：烤肉串。

材料

咖喱粉15克、花生酱50克、辣椒粉2克、蒜泥40克、洋葱30克、细砂糖15克、盐5克、水110毫升

做法

1. 洋葱洗净去皮，切小块备用。
2. 将洋葱块及其余材料一起放入果汁机内打成咖喱花生泥，备用。
3. 热锅，倒入咖喱花生泥，以小火煮开后熄火，置于室温下放凉即可。

辣橘酱

用途：烧烤海鲜，或作为肉类蘸酱。

材料

橘子酱80克、辣椒酱50克、酱油膏45克、姜15克、细砂糖50克

做法

1. 姜去皮洗净切小块，备用。
2. 将姜块及其余材料一起放入果汁机内打成泥即可。

姜味甜辣酱

用途：可作为烧烤酱或蘸酱。

材料
姜40克、海山酱60克、辣椒酱15克、细砂糖20克、酱油20克、水20克

做法
1. 姜去皮洗净切小块，备用。
2. 将姜块及其余材料一起放入果汁机内打成泥即可。

BBQ烤肉酱

用途：烧烤各式食材。

材料
番茄酱2大匙、法式芥末酱1/2大匙、海鲜酱1大匙、醋1大匙、橄榄油1/2大匙、辣椒酱1/3大匙、洋葱碎末1/4杯、蒜末1大匙、黑胡椒1/2小匙、糖2大匙、盐适量

做法
将上述所有材料混合，充分调匀即可。

叉烧烤肉酱

用途：可作为烧烤酱或一般蘸酱，也可用于炒青菜的调味。

材料
酱油1/2碗、白砂糖1/2碗、香油1小匙、蚝油1大匙、酒3大匙、水1/2杯、五香粉1/2小匙、蒜末1大匙、红色素适量（可不加）、葱2～3根、姜数片（需拍扁）

做法
1. 将上述所有材料混合搅拌均匀，接着用小火将所有材料煮至溶化入味，呈浓稠后熄火。
2. 放凉后将葱、姜片捞起即可。

鱼排烧烤酱

用途：烧烤鱼排，类似味噌鱼烧烤酱。

材料

味噌1/2杯、味醂1大匙、米酒1大匙、鸡精1/2小匙、白砂糖1大匙、柠檬1/2个（取汁）

做法

将上述所有材料混合拌匀至完全溶化即可。

香辣烧肉酱

用途：烧烤肉类，也可烤甜不辣等鱼浆类制品。

材料

虾米100克、红葱头150克、细辣椒粉20克、香蒜粉10克、酱油50毫升、白砂糖50克、鸡精12克、色拉油30毫升、水350毫升、玉米粉15克

做法

1. 虾米泡软、红葱头去皮，一起放入果汁机，加水打成酱泥。
2. 起一油锅，放入做法1的酱泥、细辣椒粉、香蒜粉、酱油、白砂糖、色拉油、鸡精，煮滚后加入玉米粉勾芡即可。

葱烤酱

用途：可以作为烤肉酱，也可以作为一般蘸酱，或炒青菜用。

材料

米酒1大匙、酱油2大匙、蚝油2大匙、冰糖2大匙、番茄酱2大匙、葱段1/2杯、水1杯

做法

起油锅，将上述所有材料下锅烧开后，稍微熬煮至浓稠即可。

蛋黄烧烤酱

用途：烧烤，还可用于蘸、炒、卤、拌、腌等烹调手法，去腥提味。

材料

生蛋黄2个、烧烤酱2大匙

做法

将上述所有材料放入碗中调匀即可。

孜然烧烤酱

用途：烧烤肉类，特别是牛肉、羊肉等有膻味的肉类。

材料

烧烤酱3大匙、孜然粉1大匙、米酒1大匙

做法

将上述所有材料放入碗中调匀即可。

材料

无骨牛小排200克、口蘑3个、红甜椒1个、黄甜椒1个、孜然烧烤酱适量

做法

1. 无骨牛小排洗净切成四方块，口蘑洗净去蒂，红甜椒、黄甜椒洗净去蒂、去籽后切方片，备用。
2. 将做法1的材料间隔串成数串备用。
3. 将牛肉串放在烤架上，四面均匀抹上孜然烧烤酱，再重复抹酱并翻烤约2分钟即可。

中式酱料篇·烧烤酱

示范料理 **沙茶孜然烤牛肉**

87

五味烧肉酱

用途：可作为海鲜、腌肉烧烤酱，或作为蘸酱。

材料

西红柿300克、红辣椒80克、蒜头50克、葱2根、姜80克、细砂糖100克、盐8克、酱油10毫升、凉开水100毫升

做法

1. 西红柿洗净，顶端划十字，放入滚水中氽烫1分钟后，捞起剥皮；红辣椒洗净去蒂、去籽，蒜头、葱、姜洗净，备用。
2. 将做法1的材料放入搅拌机（或果汁机）中，加入细砂糖、盐、酱油、凉开水，搅打成泥即可。

炭烤玉米酱

用途：可用于烧烤蔬菜。

材料

酱油膏6大匙、辣酱油3大匙、鸡精1小匙、细砂糖2大匙、白胡椒粉1小匙、甘草粉1/2小匙、蒜末2大匙

做法

将上述所有材料混合拌匀即可。

示范料理 炭烤玉米

材料

白玉米2根、炭烤玉米酱适量

做法

1. 白玉米去皮洗净，放入滚沸的水中氽烫至熟，备用。
2. 将白玉米放在炭火上，均匀地刷上炭烤玉米酱，烤匀即可。

注：烤玉米首选白玉米，独特的嚼劲能和酱料搭配出绝佳口感。

腌酱

红糖酱

用途：腌猪肉、鸡肉、鸭肉、鸡脚、鸡心等。

材料
长糯米600克、红糖150克、白曲3克、凉开水600毫升

调味料
米酒100毫升、盐3大匙、白砂糖1/2大匙

做法
1. 取一电饭锅，将长糯米洗净后放入锅中，加入450毫升水（材料外），按下煮饭键将糯米煮熟。
2. 取出煮好的糯米饭，挖松，倒入平盘中摊平散热，放凉备用。
3. 将白曲切碎，按压成粉末备用。
4. 取一钢盆，放入红糖与白曲粉，再倒入600毫升凉开水搅拌均匀。
5. 加入放凉的糯米饭搅拌均匀，再加入米酒拌匀，放置其中浸泡约10分钟，待糯米饭上色后，装入玻璃瓶中，盖上瓶盖密封，放在阴凉处保存。
6. 待放置约第7天时，打开瓶盖搅拌均匀，再次盖上盖子，密封保存至第15天时，过滤出汁液（此即为红露酒），并将渣加入盐与白砂糖搅拌均匀，即为红糖酱，可冷藏保存约1年。

示范料理 **红糖肉**

材料
五花肉600克、姜末5克、蒜末5克、红糖酱100克、蛋黄1个、地瓜粉适量、小黄瓜片适量

调味料
酱油1小匙、盐适量、米酒1小匙、白砂糖1小匙、胡椒粉适量、五香粉适量

做法
1. 五花肉洗净，沥干水分，加入姜末、蒜末、所有调味料拌匀，再用红糖酱抹匀五花肉表面，即为红糖肉。
2. 将红糖肉裹上保鲜膜，放入冰箱中，冷藏约24小时，待入味备用。
3. 取出红糖肉，撕去保鲜膜，用手将肉表面多余的红糖酱刮除，再与蛋黄拌匀，接着均匀沾裹上地瓜粉，放置约5分钟，待粉吸收汁液。
4. 热油锅，待油温烧热至约150℃时，放入红糖肉，用小火慢慢炸，炸至快熟时，转大火略炸，逼出油分，再捞起沥干油。
5. 待凉后，将红糖肉切片即可，食用时可搭配小黄瓜片增味。

咕咾肉腌酱

用途：腌渍咕咾肉。

材料

小苏打粉1/2小匙、嫩肉粉1/2小匙、香蒜粉1/2小匙、淀粉1/4小匙、细砂糖1/4小匙、盐1/2小匙、鸡蛋1个

做法

将上述所有材料混合拌匀即可。

材料

梅花肉300克、咕咾肉腌酱适量、菠萝丁5克、淀粉适量

调味料

白醋3大匙、细砂糖2大匙、西红柿汁1大匙、米酒1大匙

做法

1. 将梅花肉洗净并切片，备用。
2. 将梅花肉片放入咕咾肉腌酱内腌渍约10分钟，备用。
3. 将腌好的梅花肉片均匀地沾裹上淀粉，备用。
4. 热一锅，放入800毫升色拉油（材料外），待油烧热至80℃后，将梅花肉片放入锅中炸熟，捞出沥干油分备用。
5. 锅中留少许油，将所有调味料放入锅中煮匀，再将炸梅花肉片及菠萝丁放入锅中拌匀即可。

示范料理 **咕咾肉**

中式猪排腌酱

用途：可作为烤肉腌酱，也可以当作一般蘸酱，或炒青菜用。

材料

盐1/2小匙、细砂糖1/2小匙、米酒1大匙、水100毫升、嫩肉粉1/2小匙、香蒜粉1/2小匙、香油1大匙、淀粉1大匙、姜片适量、葱段适量

做法

将上述所有材料混合拌匀即可。

卤排骨腌酱

用途：腌肉或排骨等。

材料

葱1根、姜片2片、八角1粒、酱油1大匙、细砂糖1小匙、米酒1大匙、淀粉1大匙、水1000毫升

做法

将所有材料混合拌匀即可。

五香腐乳腌酱

用途：腌鸡排、鸡翅等。

材料

红糟腐乳60克、五香粉2克、蚝油20克、蒜头30克、细砂糖15克、米酒10克

做法

将上述所有材料一起放入果汁机内打成泥即可。

五香腌酱

用途：腌肉或鸡排等。

材料

鸡蛋1个、盐1小匙、细砂糖1/2小匙、五香粉1小匙、白胡椒粉1/2小匙、淀粉1小匙、酱油1/2小匙、米酒1大匙

做法

将上述所有材料混合拌匀即可。

腐乳腌酱

用途：腌鸡排、鸡翅等。

材料

红腐乳60克、米酒10毫升、细砂糖1小匙、鸡精1/2小匙、蚝油1大匙、姜末5克、小苏打1/4小匙、水50毫升、蒜末20克

做法

将上述所有材料放入果汁机内搅打约30秒混合拌匀即可。

姜汁腌酱

用途：腌旗鱼排等。

材料

姜汁1大匙、米酒1小匙、白砂糖1小匙、葱泥1大匙、蒜末1/4大匙

做法

将上述所有材料混合拌匀即可。

梅汁腌酱

用途：腌海鲜类或肉类皆可。

材料

紫苏梅酱1大匙、米酒1/2小匙

做法

将紫苏梅酱与米酒混合拌匀即可。

材料

草虾8只、鸡蛋1个、面粉2大匙、白芝麻2大匙、梅汁腌酱适量

做法

1. 草虾去头及壳，保留尾巴，洗净备用。
2. 将草虾用梅汁腌酱腌约5分钟备用。
3. 鸡蛋与面粉拌匀成面糊，将草虾均匀沾裹上面糊。
4. 将草虾均匀沾上白芝麻。
5. 热锅，倒入稍多的色拉油（材料外），待油温加热至150℃，放入草虾，以中火炸至表面金黄且熟即可。

示范料理 **梅汁炸鲜虾**

中式酱料篇·腌酱

芝麻腌酱

用途：腌黄花鱼等鱼类。

材料
芝麻酱1大匙、米酒1小匙、味醂2大匙、酱油1小匙、姜汁1小匙

做法
将上述所有材料混合拌匀即可。

材料
喜相逢鱼200克、地瓜粉1大匙、生菜叶适量、芝麻腌酱适量

做法
1. 将喜相逢鱼去腮后加入芝麻腌酱，腌渍约10分钟备用。
2. 将腌好的喜相逢鱼加入地瓜粉拌匀，备用。
3. 热锅，倒入稍多的色拉油（材料外），待油温热至约150℃时，将喜相逢鱼一条一条放入锅中，炸熟至表面金黄。
4. 取出喜相逢鱼，沥干油，放在铺有生菜叶的盘中即可。

示范料理 **酥炸芝麻喜相逢**

葱味腌酱

用途：腌白鲳鱼等鱼类。

材料
葱末1大匙、酱油1小匙、白砂糖1/4小匙、姜泥1/4小匙、米酒1/4小匙、番茄酱1大匙

做法
将上述所有材料混合拌匀即可。

熏鱼片腌酱

用途：做烟熏鱼类时的腌酱。

材料
茶叶汁2大匙、米酒1大匙、红糖1大匙、酱油1/2大匙、番茄酱1大匙

做法
将上述所有材料混合拌匀即可。

金橘腌酱

用途：腌肉或排骨。

材料
金橘汁2大匙、白砂糖1小匙、盐1/4小匙

做法
将上述所有材料混合拌匀即可。

材料
排骨400克、洋葱片20克、皇帝豆20克、胡萝卜片2克、高汤300毫升、金橘腌酱适量

做法
1. 排骨洗净，加入金橘腌酱腌渍约10分钟，备用。
2. 将皇帝豆与胡萝卜片分别放入沸水中烫熟，捞起备用。
3. 将排骨与金橘腌酱一起加入高汤中，以小火熬煮约20分钟至熟。
4. 加入洋葱片及皇帝豆、胡萝卜片拌匀即可。

示范料理 **金橘排骨**

香柠腌酱

用途：腌肉或海鲜。

材料
柠檬1个、白砂糖1小匙、盐1/4小匙、小苏打1/4小匙、水30毫升、米酒1大匙

做法
1. 柠檬榨汁备用。
2. 将其余材料放入果汁机内搅打30秒，再与柠檬汁混合拌匀即可。

材料
鸡胸肉1/2块、香柠腌酱适量、炸鸡排粉100克、胡椒盐适量

做法
1. 鸡胸肉洗净后去皮、去骨，横剖到底（不要切断），切成蝴蝶状的肉片，备用。
2. 将鸡排放入香柠腌酱中腌渍约30分钟后，捞起沥干。
3. 取出鸡排，以按压的方式均匀沾裹炸鸡排粉，备用。
4. 热油锅，待油温烧热至150℃时放入鸡排炸约2分钟，至鸡排表皮酥脆且呈金黄色时，捞起沥油。
5. 均匀撒上胡椒盐即可。

示范料理 **香柠鸡排**

橙汁腌酱

用途：腌肉或海鲜。

材料
柳橙汁2大匙、橄榄油1大匙、蒜末1小匙、白酒1大匙、盐1/4小匙

做法
将上述所有材料混合拌匀即可。

脆麻炸香鱼腌酱

用途：腌鳕鱼或草鱼。

材料

南乳1/2小块、面粉1小匙、白砂糖1大匙、香油1小匙、胡椒粉1小匙、麻辣辣椒酱300克、小苏打1小匙、水2大匙

做法

1. 将南乳用适量水调成糊，备用。
2. 小苏打加入水调匀，备用。
3. 将其余材料拌匀，加入做法1和做法2的材料拌匀即可。

注：南乳即我们常见的红腐乳，用红曲发酵而成。

西红柿柠檬腌酱

用途：腌海鲜类食材。

材料

盐1/4小匙、西红柿泥2大匙、橄榄油1小匙、蒜末1/4小匙、柠檬汁1大匙、香菜末1/4小匙、黑胡椒末1/4小匙

做法

将上述所有材料混合拌匀即可。

示范料理 **西红柿柠檬鲜虾**

材料

鲜虾300克、西红柿柠檬腌酱适量、香菜适量

做法

1. 将鲜虾的背部划开但不切断，去肠，洗净。
2. 将虾中加入西红柿柠檬腌酱腌渍约10分钟，备用。
3. 热锅，倒入适量的油（材料外），放入虾及西红柿柠檬腌酱，以大火炒至虾熟透。
4. 盛盘，再搭配香菜装饰即可。

中式酱料篇·腌酱

野香腌酱

用途：腌渍肉串类，腌过直接烤，不需蘸酱就很美味。

材料

胡荽粉1/4小匙、丁香粉1/6小匙、香芹粉1/2小匙、黑胡椒1克、蒜头12克、酱油30毫升、细砂糖12克

做法

将上述所有材料一起放入果汁机内打成泥即可。

茴香腌肉酱

用途：腌渍烧烤肉类，尤其适合羊肉。

材料

茴香7克、姜汁10克、酱油膏60克、辣椒粉3克、蒜泥25克、细砂糖10克、米酒15毫升

做法

将上述所有材料混合拌匀即可。

材料

猪里脊200克、茴香腌肉酱40毫升

做法

1. 猪里脊洗净，切成2片厚约1厘米的猪里脊排，备用。
2. 将猪里脊排放入碗中，加入茴香腌肉酱抓拌均匀，腌渍约20分钟。
3. 备好烤肉架，将猪里脊排平铺于网架上，不断翻面至烤熟即可。

示范料理 **茴香烤猪排**

蒜味腌肉酱

用途：腌渍羊肉这种膻味比较重的肉类。肉腌入味后烤熟，可直接食用，不必再涂其他酱汁。

材料
蒜头100克、烤肉酱100毫升、沙茶酱1大匙、细砂糖1小匙、黑胡椒粉(粒)1小匙、酱油膏200毫升、米酒1大匙、水40毫升

做法
将上述所有材料放入果汁机打成酱汁即可。

台式沙茶腌酱

用途：烤海鲜或其他口味浓郁的食材，作为火锅蘸酱或热炒酱料也都非常合适。

材料
沙茶酱60克、蒜头30克、酱油膏50克、细砂糖20克、米酒15毫升、黑胡椒粉3克

做法
1. 蒜头去皮剁成泥，备用。
2. 将其余材料与蒜泥混合拌匀即可。

材料
羊小排4块、台式沙茶腌酱适量

做法
1. 羊小排洗净沥干，以台式沙茶腌酱腌渍4小时以上备用。
2. 将腌好的羊小排平铺于网架上，以中小火烤约8分钟，并适时翻面烤至两面都略微焦即可。

示范料理 **沙茶羊小排**

中式酱料篇·腌酱

酸甜汁

用途：腌渍墨鱼、鸭舌、鸡肫等腥味较重的食材。

材料

醋150毫升、水50毫升、盐1小匙、白砂糖100克

做法

将上述所有材料放入锅中，煮至糖完全溶化后，放凉即可。

注：可依菜色添加适量的姜丝。

香葱米酒酱

用途：腌渍鲜虾等海鲜。

材料

米酒100毫升、盐适量、白胡椒粉适量、姜5克、红辣椒1个、葱1根

做法

1. 将姜、红辣椒、葱都洗净切段，备用。
2. 将做法1的材料和其余材料混合拌匀即可。

咸酱油

用途：腌渍蚬、牡蛎等海鲜。

材料

蒜头3瓣、姜7克、红辣椒1个、酱油3大匙、细砂糖1大匙、鸡精1小匙、香油1大匙、凉开水3大匙

做法

1. 蒜头去皮洗净切片，姜去皮洗净切丝，红辣椒去蒂、去籽，洗净切片，备用。
2. 将做法1的材料与其余材料混匀即可。

香蒜汁

用途：腌炸物、烧烤肉类。

材料

蒜头200克、红葱头50克、凉开水200毫升

调味料

盐1.5小匙、糖1小匙、米酒50毫升

做法

将蒜头、红葱头去皮洗净后加凉开水一起放入果汁机中打成汁，再加入所有调味料调匀即可。

五香汁

用途：腌烤肉、炸肉类。

材料

A. 葱1根、姜50克、香菜10克、蒜头10克、水300毫升
B. 八角4粒、花椒5克、桂皮12克、小茴香5克、丁香5克

调味料

盐1小匙、酱油1小匙、糖1大匙、米酒50毫升

做法

1. 将材料B洗净后，浸泡在300毫升水中约20分钟。
2. 取一锅，将做法1的材料连同水一起放入锅中，以小火煮约15分钟后熄火，过滤放凉。
3. 将材料A中的姜、葱、香菜、蒜头去皮洗净，用刀拍烂后，加入做法2的汤汁，一起放入果汁机中打汁并过滤。
4. 加入所有调味料拌匀即可。

麻辣腌汁

用途：腌渍油炸肉类。

材料

姜80克、葱2根、蒜头50克、水200毫升、花椒30克

调味料

特细红椒粉1大匙、酱油1大匙、盐1小匙、白砂糖2大匙

做法

1. 将姜、葱、蒜头去皮洗净后，加水一起用果汁机打成汁后，过滤去渣。
2. 起一锅，将花椒用干锅以小火炒2分钟，再用果汁机打成粉。
3. 将做法1与做法2的材料混合，加入所有调味料拌匀即可。

味噌腌酱

用途：可作为烧烤腌酱，味道上接近日式口味，烧烤后食物不需再蘸酱就很美味。

材料

味噌300克、细砂糖100克、酱油60毫升、米酒20毫升、姜末40克、甘草粉3克

做法

1. 将上述所有材料搅拌均匀。
2. 将拌匀的酱料放置于冰箱冷藏，使用时再取出即可。

菠萝腌肉酱

用途：适合作为烤肉腌酱用，味道不浓，烧烤后的食物可另外涂酱或蘸酱食用。

材料

菠萝50克、酱油25克、洋葱20克、姜5克、细砂糖20克

做法

1. 姜洗净切小块；菠萝去皮、去心，切块备用。
2. 将姜块、菠萝块及其余材料一起放入果汁机内打成泥即可。

辣虾腌酱

用途：腌渍烧烤海鲜或肉类，味道接近东南亚风味。

材料

虾酱20克、辣椒酱60克、香茅粉2克、蒜泥30克、细砂糖10克、米酒15毫升

做法

将上述所有材料混合拌匀即可。

柱侯蒜味腌酱

用途：常用作中式烤叉烧、烤排骨的腌酱。

材料

柱侯酱60克、蒜末35克、姜汁10克、细砂糖15克、米酒10毫升、水25毫升

做法

将上述所有材料混合拌匀即可。

辣味芥末腌酱

用途：腌渍肉类，腌完后可烤、炸。

材料

盐1/4小匙、糖1/2小匙、蒜末1/2小匙、米酒1大匙、橄榄油1/2小匙、辣椒末1/2小匙、黄芥末酱1大匙

做法

将上述所有材料混合拌匀即可。

黄豆腌酱

用途：腌渍海鲜或肉类，腌完后可烧烤。

材料

黄豆酱50克、酱油膏60克、蒜头30克、姜10克、细砂糖15克、米酒10毫升

做法

将上述所有材料一起放入果汁机内打匀即可。

中式酱料篇·腌酱

拌饭拌面酱

煮面条好吃的**秘诀**

面条 怎么煮

面条要想好吃，就一定要有弹性、有嚼劲，除了下面的时机非常重要，煮面条的锅具也要特别注意。一般来说，煮面条以不锈钢器具为佳，最好不要使用铁锅或铝锅，因为这两种锅具会影响面条的弹性和颜色。

切记要用大量的水，并将面条以松散的状态下锅，通常水量要约为面量的10倍，并在水滚的过程中再加冷水，煮好后立刻将面捞起过冷水并摇晃数下降温，如此一来面条才有弹性。

一般煮薄面与煮厚面时，加冷水的次数与时间有所不同。

煮薄面时：

以意面为例，须等水煮开后再放入面条，待水滚后再加入1/2碗冷水，煮约1分钟后捞起过冷水。如果煮太久，面就容易糊掉且无嚼劲。

煮厚面时：

以宽拉面或刀削面为例，也要等锅中的水滚开后再放入面条，而且每次水开后须再加入1/2碗冷水，重复此动作2~3次，出锅后再过一下冷水，就能煮出爽滑带劲且口感好的面条了。

卤肉淋汁

用途：拌饭、拌面、卤蛋或做海带豆干等卤味。

材料

猪五花肉600克、红葱末60克、蒜末10克、猪油50克、高汤1000毫升

调味料

A.白胡椒粉1/4小匙、五香粉适量、肉桂粉适量
B.酱油80毫升、米酒50毫升、冰糖15克
C.酱油膏50毫升

做法

1. 猪五花肉洗净沥干，切小丁备用。
2. 热锅倒入猪油，加入红葱末、蒜末，以中火爆香至呈金黄色后，盛出备用。
3. 原锅中放入猪五花肉丁，炒至肉丁颜色变白，加入调味料A炒香，再加入调味料B拌炒入味。
4. 将做法3的材料倒入砂锅中，加入高汤，煮开后转小火，盖上锅盖炖煮约1小时。
5. 加入红葱酥、蒜酥和酱油膏，继续煮约15分钟即可。

示范料理 **卤肉饭**

材料
米饭1碗、黄萝卜1片、卤肉淋汁适量

做法
取一碗米饭，淋上卤肉淋汁，放上黄萝卜片即可。

 卤肉饭这样更好吃！

制作卤肉淋汁时，建议选用肥瘦相间的猪五花肉（又称三层肉），肥瘦比例约为2:3的肉块，最能提供卤肉需要的油脂量，正因为肥瘦适中，在炖卤过程中才能使刚刚好的油脂融入汤汁中，让瘦肉部分吸收，达到恰到好处、油而不腻的效果。

豆干炸酱

用途：拌干面。

材料

红葱头10克、五花肉丁150克、葱1根、毛豆20克、胡萝卜20克、豆干1块

调味料

豆瓣酱2小匙、甜面酱1小匙、水200毫升、细砂糖1小匙、水淀粉1/4小匙(淀粉：水＝1:1.5)

做法

1. 将切好的红葱头末用10毫升色拉油（材料外）爆香，并炒至颜色金黄。
2. 加入五花肉丁炒至肉质略微出油。
3. 依次放入毛豆、切好的葱段、胡萝卜丁和豆干丁，炒约3分钟后，加入豆瓣酱及甜面酱一起炒至所有材料都均匀上色。
4. 加入水和细砂糖翻炒10分钟。
5. 淋上水淀粉勾芡略炒即可。

示范料理 **炸酱面**

材料

拉面150克、水3000毫升、色拉油10毫升

调味料

盐1/2小匙、豆干炸酱适量

做法

1. 取一汤锅，放入3000毫升水，煮滚后，先加入1/2小匙的盐，再放入拉面煮3分钟，水第一次小滚时加入1/2碗水，水第二次小滚时，再加入1/2碗水，等到水第三次小滚后熄火，将拉面捞起盛入碗中。
2. 将豆干炸酱淋在拉面上即可。

鸡肉饭淋汁

用途：拌饭、烤鸡肉、煮汤。

材料

A.鸡油3大匙、八角2粒、姜片2片
B.红葱头酥1大匙、盐1大匙、糖1大匙、酒2大匙、淡色酱油2大匙、高汤3杯、胡椒粉1/3小匙

做法

用鸡油将其余材料A炒香，再加入材料B以小火煮滚，即为鸡肉饭淋汁。

示范料理 **鸡肉饭**

材料

鸡胸肉1片、腌黄萝卜2~3片、香菜适量、鸡肉饭淋汁适量

做法

1. 将鸡胸肉片加入淋汁中煮至肉熟透后熄火，浸泡约10分钟，捞起待凉。
2. 将鸡胸肉片用手剥丝，铺在米饭上，淋上适量淋汁，配上腌黄萝卜片和香菜即可。

焢肉淋汁

用途：拌饭、烤鸡肉、煮汤。

材料

A. 猪五花肉900克、水500毫升
B. 葱段15克、姜3片、蒜头5瓣
C. 桂皮10克、八角2粒

调味料

酱油150毫升、盐1/2小匙、冰糖10克、米酒2大匙、五香粉适量、白胡椒粉适量

做法

1. 猪五花肉洗净切大片，备用。
2. 热锅倒入3大匙色拉油（材料外），放入猪五花肉片，以中火将表面煎至微焦后盛出；在锅内放入材料B爆香至微焦，再放入材料C炒香。
3. 原锅放入猪五花肉片，加入所有调味料拌炒均匀，倒入水煮开。
4. 将做法3的材料移入砂锅中，煮开后盖上锅盖，转小火煮约90分钟，最后再熄火闷约10分钟即可。

示范料理 **焢肉饭**

材料

米饭1碗、笋丝适量、焢肉1片（制作卤汁时可得）、焢肉淋汁适量

做法

取一碗米饭，放上笋丝、焢肉，最后淋上焢肉淋汁即可。

担仔面肉臊酱

用途：制作卤肉饭、拌烫青菜、拌饭、拌面等。在煮好的米粉汤上也可淋此酱。

材料

五花肉泥300克、蒜末1大匙、油葱酥1碗、蒜头酥2大匙、高粱酒3大匙、酱油1碗、水2碗、冰糖2小匙、白胡椒粉1小匙、五香粉1/4小匙、鸡精2小匙

做法

1. 起油锅，将蒜末炒香，再加入五花肉泥炒散。
2. 加入酱油、冰糖及高粱酒后，继续炒煮片刻，接着放入油葱酥和蒜头酥一起炒至水分收干、香味溢出。
3. 加入适量水（以盖过肉为准），然后放入五香粉、鸡精及白胡椒粉，以小火煮约20分钟即可。

家常干面酱

用途：拌面或烫青菜。

材料

猪油1小匙、醋1小匙、酱油1小匙、鸡精适量、香油适量、葱花1大匙

做法

将上述所有材料混合搅拌均匀即可。

注：若是用油面，可撒些油葱酥，增加油面滑润的口感。若口味比较重的话，可以再加上1/2小匙的甜辣酱。

萝卜干辣肉酱

用途：拌饭、拌面或放入汤面中调味。

材料

肉泥200克、萝卜干100克、蒜末10克、红辣椒末10克

调味料

辣豆瓣酱1大匙、辣椒酱1大匙、盐适量、白砂糖1/2小匙、鸡精适量、米酒1大匙

做法

1. 萝卜干洗净，用清水泡5分钟去除咸味，捞起切丁备用。
2. 热锅，放入萝卜干丁炒干盛出，备用。
3. 热锅，倒入适量色拉油（材料外），放入蒜末爆香后，加入红辣椒末和肉泥炒至油亮。
4. 放入萝卜干丁和所有调味料炒香即可。

臊子酱

用途：拌干面，即为有名的"臊子面"，也可拌水煮青菜。

材料

肉泥100克、洋葱80克、西红柿120克、高汤100毫升

调味料

盐1/4小匙、白砂糖1/4小匙、番茄酱1大匙

做法

1. 洋葱切小丁；西红柿放入滚水中汆烫，捞起去皮切丁，备用。
2. 热锅，倒入适量色拉油（材料外），加入洋葱丁爆香，再放入肉泥炒至变色后，加入西红柿丁拌炒，加入高汤拌匀。
3. 加入调味料拌炒均匀即可。

傻瓜面淋酱

用途：拌干面，即为有名的"福州傻瓜面"。

材料

A. 酱油3大匙、醋1.5大匙、细砂糖1/2大匙、辣椒粉适量、辣油适量
B. 猪油1大匙、葱花2大匙、香菜末适量

做法

1. 将材料A拌匀成什锦酱汁备用。
2. 食用时，将什锦酱汁与材料B一起拌入面中即可。

示范料理 福州傻瓜面

材料

阳春面90克、葱花8克、傻瓜面淋酱适量

调味料

猪油1大匙、盐1/6小匙

做法

1. 将猪油倒入碗内，备用（为之后加入煮好的面条做准备，以增加拌面时的润滑度）。
2. 将盐与猪油混合拌匀，备用。
3. 将阳春面放入滚水中，用筷子搅动使面条散开，以小火煮1~2分钟后捞起，将水分稍微沥干，备用。
4. 将煮好的面装入做法2的碗中，加入葱花、"傻瓜"面淋酱，拌匀即可。

榨菜肉酱

用途：拌面、饭或水煮青菜。

材料
榨菜100克、肉泥200克、蒜末10克、水50毫升

调味料
淡酱油1/2大匙、盐适量、白砂糖1/2小匙、鸡精适量、米酒1大匙、胡椒粉适量

做法
1. 榨菜洗净沥干，切碎末备用。
2. 热锅，倒入适量色拉油（材料外），放入蒜末爆香，加入肉泥炒至变色。
3. 加入所有调味料拌炒均匀，再放入榨菜末和水拌炒至入味即可。

示范料理 **榨菜肉酱拌面**

材料
宽阳春面120克、葱花适量、粗花生粉适量、榨菜肉酱适量

做法
1. 煮一锅滚水，放入宽阳春面煮至水再次滚沸，待熟后捞起盛入碗中。
2. 将榨菜肉酱撒在宽阳春面上，再撒上葱花和粗花生粉即可。

示范料理 **切仔面**

材料
油面200克、韭菜20克、豆芽菜20克、熟瘦肉150克、高汤300毫升、油葱酥适量

调味料
盐1/4小匙、鸡精少许、胡椒粉少许

做法
1. 韭菜洗净切段，豆芽菜去根部洗净，把韭菜段、豆芽菜放入滚水中，氽烫至熟后捞出；熟瘦肉切片，备用。
2. 将油面放入滚水中氽烫一下，捞起沥干后放入碗中，加入韭菜段、豆芽菜与熟瘦肉片。
3. 将高汤煮滚后，加入所有调味料拌匀，倒入面碗中，再加入油葱酥拌匀即可。

油葱酥

用途：拌面、炒面或搭配水煮青菜增加风味。

材料
红葱头100克、猪油200克

做法
1. 将红葱头去枯皮洗净后切成细末，备用。
2. 取锅加入猪油，将油锅烧热至80℃左右。
3. 将红葱头分次且少量地加入锅中（避免一次下太多导致油溢出锅外）然后转中火，以锅铲不停搅拌红葱头以免炸焦。
4. 红葱头炸至颜色开始变黄即转小火，炸至略黄即捞起，沥干油后，将炸好的红葱头平摊放凉，待凉后再与刚滤开的炒红葱油混合拌匀即可。

中式酱料篇·拌饭拌面酱

蚝油干面酱

用途：拌干面或水煮青菜。

材料
蚝油1小匙、醋1小匙、酱油1小匙、鸡精适量、香油适量、葱花1大匙

做法
将上述所有材料混合搅拌均匀即可。

注：拌面时，若是用油面，可撒些油葱酥，增加油面滑润的口感。如果偏好比较重的口味，可以再加上1/2小匙的甜辣酱。

XO酱

用途：拌面、拌饭、夹面包，或当作一般调味料与其他菜肴一起烹炒。

材料
干贝150克、虾米150克、蒜末150克、蚝油2大匙、朝天椒100~200克、壶底油1瓶、米酒1瓶、橄榄油1000毫升

做法
1. 将干贝和虾米各用1/2瓶米酒浸一夜，沥干后将干贝剥丝备用。
2. 朝天椒切成1~2厘米长的段，备用。
3. 起油锅，用适量油将干贝丝炒至金黄色，再放入虾米拌炒。
4. 继续加入蒜末、朝天椒段一起炒，再倒入壶底油和蚝油一起拌炒，最后倒入橄榄油直到淹过所有材料，煮至滚开起泡后熄火。
5. 酱料放至全凉后再装瓶，放入冰箱冷藏即可。

示范料理 XO酱捞面

材料
广东面2把、葱10克、姜20克、叉烧肉80克、青菜适量、水淀粉1小匙、XO酱2小匙

调味料
蚝油2小匙、酱油1大匙、米酒适量

做法
1. 葱及姜去皮洗净，切成丝；青菜洗净；叉烧肉切片，备用。
2. 将广东面下入滚水中煮约2分钟，待熟后取出沥干备用。
3. 将所有调味料调匀后，倒入锅中以小火煮滚。
4. 加入葱丝、姜丝、叉烧肉片、XO酱略为拌炒，起锅前加入水淀粉勾芡，再淋在煮好的面上。
5. 将青菜入滚水中烫熟后，与面一起拌匀即可。

红油酱

用途：拌面、抄手或与其他菜肴一起烹炒。

材料
花椒粒15克、辣椒酱15克、辣椒粉适量

调味料
酱油5大匙、白砂糖1大匙、白醋1大匙、凉开水3大匙

做法
1. 热锅，倒入适量色拉油（材料外），放入花椒粒以小火炒香后，放入辣椒酱炒香，先关火再倒入辣椒粉拌匀，过滤出材料，留下红油备用。
2. 将所有调味料混合拌匀，再加入做法1的红油拌匀即可。

示范料理 **红油抄手**

材料
馄饨皮50克、肉泥100克、葱末适量、姜末适量、红油酱适量、水1大匙、葱花适量

调味料
盐、白砂糖、米酒各适量

做法
1. 将肉泥、葱末、姜末混合，用刀剁碎后，加入所有调味料和水搅拌均匀，放置10分钟至入味。
2. 取一片馄饨皮，包入适量做法1的馅料，即为一个抄手，重复此做法至馅料用完为止。
3. 煮一锅滚水，放入包好的抄手煮熟后，捞起沥干盛入碗中，淋上红油酱，再撒上葱花即可。

蒜辣炒面淋酱

用途：炒面或与其他菜肴一起烹炒。

材料
蒜末1大匙、番茄酱1大匙、BB辣椒酱2大匙、醋1大匙、细砂糖2大匙、热开水1大匙、香油1小匙

做法
1. 将细砂糖倒入热开水中搅拌至溶解。
2. 加入其余材料调匀即可。

示范料理 **海鲜炒面**

材料
油面250克、圆白菜丝100克、胡萝卜丝20克、鲷鱼片30克、鱿鱼30克、虾仁40克、猪肉丝40克、葱2根

调味料
水150毫升、酱油2大匙、细砂糖1小匙、白胡椒粉1/2小匙、蒜辣炒面淋酱2大匙

做法
1. 鱿鱼切片；葱洗净切段，备用。
2. 热锅，倒入适量色拉油（材料外），放入葱段和鱿鱼片、鲷鱼片、虾仁、猪肉丝，以中火拌炒至猪肉丝颜色变白，加入圆白菜丝、胡萝卜丝以及水，煮至汤汁滚沸。
3. 加入酱油、细砂糖、白胡椒粉调匀，再放入油面翻炒至汤汁收干，食用前淋上蒜辣炒面淋酱拌匀即可。

虾酱

用途：拌面，也可淋在水煮青菜上。

材料
虾米200克、蒜末40克、红葱末40克、红辣椒末10克

调味料
米酒1大匙、蚝油1大匙、白砂糖1大匙、鸡精1大匙、盐适量

做法
1. 虾米洗净沥干，泡入米酒中至软后，切末备用。
2. 热锅，倒入适量色拉油（材料外），放入蒜末和红葱末爆香至微干，加入虾米末和红辣椒末以小火炒香，再加入其余调味料拌炒至入味即可。

海山味噌酱

用途：拌面。

材料
海山酱3大匙、味噌1大匙、酱油膏1大匙、香油1大匙、白砂糖1大匙、凉开水1/3杯、葱花适量

做法
将所有材料混合搅拌均匀，至白砂糖完全溶化即可。

注：吃完面将碗里剩下的酱料淋上热腾腾的高汤，喝下去就像甜不辣汤一样，非常过瘾。

红油南乳酱

用途：此酱为中国风味的拌面酱，蘸火锅肉片也适合。

材料
辣椒油2大匙、南乳（红腐乳）1.5小块、蚝油2大匙、白砂糖2大匙、葱花1大匙

做法
将上述所有材料混合搅拌均匀即可，辛辣程度可依个人喜好调整。

沙茶辣酱

用途：拌面或与其他菜肴一起烹炒。

材料
蒜末2大匙、红辣椒末1/2小匙、胡萝卜丁1/2杯、洋葱丁2/3杯

调味料
沙茶酱1/3杯、酱油2大匙、米酒2大匙、水5杯

做法
用2大匙色拉油（材料外）炒香所有材料，再加入沙茶酱略炒数下，然后加入酱油、米酒与水，以中小火煮约5分钟即可。

注：不喜欢太辣的话，可以减少红辣椒末的用量。

葱烧肉臊

用途：拌饭、拌面，或淋在烫青菜上。

材料

猪肉泥400克、洋葱100克、葱50克、红葱酥50克、蒜头酥30克

调味料

水700毫升、酱油100毫升、蚝油40毫升、细砂糖1.5大匙

做法

1. 洋葱去皮，与葱一起洗净切碎，备用。
2. 锅中倒入100毫升色拉油（材料外），放入做法1的材料以小火爆香，加入猪肉泥转中火炒至肉表面变白且散开。
3. 加入蚝油略炒香，再加入其余调味料，煮开后加入红葱酥及蒜头酥，以小火煮约10分钟即可。

辣酱肉臊

用途：拌饭或面。

材料

猪肉泥400克、豆豉20克、红葱酥30克、蒜头50克、姜15克

调味料

豆瓣酱50克、辣椒粉3大匙、蚝油50毫升、细砂糖1大匙、水300毫升

做法

1. 豆豉洗净剁细，姜及蒜头去皮洗净切碎，备用。
2. 锅中倒入100毫升色拉油（材料外）烧热，放入做法1的材料以小火爆香，加入猪肉泥以中火炒至肉表面变白且散开。
3. 加入豆瓣酱及辣椒粉略炒香，再加入其余调味料煮至滚开，最后加入红葱酥，以小火煮约15分钟即可。

香葱鸡肉臊

用途：拌饭、面，或淋在烫青菜上。

材料

葱50克、红葱酥30克、去骨土鸡腿肉400克、洋葱100克、姜10克

调味料

酱油100毫升、水700毫升、细砂糖1大匙

做法

1. 去骨鸡腿肉洗净剁碎，备用。
2. 洋葱、姜去皮，与葱一起洗净切碎，备用。
3. 锅中倒入约100毫升色拉油（材料外）烧热，放入做法2的材料以小火爆香，再加入鸡腿肉碎炒至肉表面变白散开。
4. 加入所有调味料，煮开后加入红葱酥，以小火煮约15分钟即可。

面肠素肉臊

用途：拌饭、面，或淋在水煮青菜上。

材料

面肠400克、鲜黑木耳20克、姜末15克、水800毫升

调味料

酱油1大匙、素蚝油2大匙、冰糖适量、香油1小匙

做法

1. 将面肠洗净切碎；鲜黑木耳切碎，备用。
2. 取锅烧热后倒入4大匙色拉油（材料外），加入姜末爆香，放入面肠碎炒至微干，再放入鲜黑木耳碎略炒。
3. 加入所有调味料炒香，再加入水煮滚，以小火煮15分钟即可。

梅干肉酱

用途：拌饭、面。

材料

猪肉泥300克、梅干菜100克、蒜末15克、姜末10克、水600毫升

调味料

酱油1大匙、冰糖1/2小匙、米酒1/2大匙

做法

1. 将梅干菜洗净切碎，备用。
2. 取锅烧热后倒入3大匙色拉油（材料外），放入蒜末、姜末爆香。
3. 放入猪肉泥炒至颜色变白后，加入梅干菜炒香。
4. 放入所有调味料略炒，加水煮滚后，以小火煮30分钟即可。

芋香虾米肉酱

用途：拌饭、面，或淋在水煮青菜上。

材料

猪肉泥300克、虾米3大匙、芋头丁1.5杯、红葱酥2大匙

调味料

A. 高汤2杯、酱油2大匙、白砂糖2大匙

B. 香油、胡椒粉各适量

做法

1. 将虾米切碎，备用。
2. 锅中放入1大匙色拉油（材料外），将猪肉泥与虾米碎炒香，再加入芋头丁与红葱酥一起炒香、炒匀。
3. 加入调味料A，以中小火煮滚至芋头松软，再加入香油与胡椒粉，搅匀至入味后熄火即可。

注：食用时，可撒上适量芹菜末增添风味。

旗鱼肉燥

用途：拌饭、面，搭配米粉汤也很对味。

材料
旗鱼肉300克、米酒适量、淀粉适量、蒜苗15克、蒜末10克、姜末10克、红辣椒末20克、水200毫升

调味料
酱油2.5大匙、酱油膏1小匙、冰糖适量、醋1/2小匙

做法
1. 将旗鱼肉洗净去皮，切成条后再切小丁，备用。
2. 将旗鱼丁加入米酒、淀粉腌渍5分钟；蒜苗分切成蒜白段、蒜叶段，备用。
3. 取锅烧热后倒入2大匙色拉油（材料外），放入蒜末、姜末、红辣椒末爆香。
4. 放入腌好的旗鱼丁，炒至颜色变白后，加入蒜白段拌炒。
5. 加入所有调味料炒香，加水煮3分钟后，放入蒜叶段拌炒即可。

萝卜干肉燥

用途：拌饭、面，或包入饭团中。

材料
碎萝卜干100克、猪肉泥300克、葱40克、红葱头40克、蒜头40克、红辣椒1个

调味料
酱油50毫升、细砂糖1小匙

做法
1. 蒜头、红葱头去皮，红辣椒去蒂、去籽，与葱一起洗净切碎，备用。
2. 碎萝卜干洗净，沥干水分，备用。
3. 锅中倒入约100毫升色拉油（材料外），放入做法1的材料以小火爆香，加入猪肉泥以中火炒至熟透且水分收干。
4. 将调味料加入锅中炒香，再加入碎萝卜干以小火炒干即可。

香菇素肉燥

用途：拌饭、面或淋在油豆腐上，撒上香菜风味更好。

材料
香菇12朵、素肉400克、酱瓜1块、五香粉1小匙、素蚝油300毫升、冰糖1小匙、水700毫升

做法
1. 素肉先用水泡软。
2. 将泡软的素肉水分挤干，切细末备用。
3. 香菇洗净切碎；酱瓜切成碎末备用。
4. 热油锅，放入香菇碎以中火炒香。
5. 将素肉末放入做法4的锅中炒香。
6. 加入酱瓜碎末、五香粉、素蚝油、冰糖、水，转大火煮开。
7. 将做法6的材料倒入砂锅，以小火慢卤30分钟即可。

中式酱料篇·拌饭拌面酱

笋焖肉酱

用途：拌面、饭，或夹入馒头食用皆可。

材料

熟笋丁1杯、香菇丁1/3杯、肉泥1杯

调味料

蚝油3大匙、酱油1/2杯、白砂糖1大匙、酒1大匙、辣椒酱1大匙、高汤3大匙

做法

将上述所有材料充分炒香，再加入所有调味料，以中小火煮至汤汁略为收干即可。

注：拌面时，可再拌入1大匙香油与香菜。

黄金豆豉酱

用途：拌面，尤其是拌米粉。

材料

黑豆豉2/3杯、蒜末3大匙、红辣椒末1小匙、银鱼50克、蒜苗片1/3杯

调味料

荫油3大匙、白砂糖2大匙、酒2大匙、水1.5杯

做法

1. 将黑豆豉切碎，备用。
2. 用适量的色拉油（材料外）将蒜末与红辣椒末炒香，然后转中火，加入黑豆豉碎，略炒数下。
3. 加入银鱼与所有调味料一起煮滚，最后拌入蒜苗片熄火即可。

茄子咖喱肉酱

用途：淋在饭上或拌面食用。

材料

茄子500克、猪肉泥100克、葱1根、姜20克、蒜头3瓣、红辣椒1个

调味料

咖喱粉1大匙、酒2大匙、酱油3大匙、白砂糖1大匙

做法

1. 茄子切成5厘米左右长的段，放入油锅中炸2分钟，取出后沥干油分备用。
2. 将葱、姜、蒜头、红辣椒全部洗净，切成细末备用。
3. 锅内放入2大匙色拉油（材料外），爆香做法2的材料，再放入猪肉泥拌炒，最后将所有调味料放入后煮沸。
4. 将茄子放入锅中拌炒均匀，盛入盘中即可。

酸辣淋汁

用途：此款酱料滋味酸辣，淋在干面或汤面上都很适合。

材料

红醋2大匙、蚝油1大匙、酱油1大匙、辣油2大匙、细砂糖1大匙、热开水1大匙

做法

1. 将细砂糖倒入热开水中搅拌至溶解。
2. 加入其余材料调匀即可。

川椒油淋汁

用途：此款酱料口感麻辣，可以代替红油淋在馄饨上，也可以淋干拌面，用于提味。

材料

花椒油1小匙、辣椒油1大匙、蚝油1大匙、酱油1大匙、香醋1大匙、细砂糖1大匙、热开水2大匙

做法

1. 将细砂糖倒入热开水中搅拌至溶解。
2. 加入其余材料调匀即可。

香菇卤肉汁

用途：拌干面、烫青菜，也可淋在米饭上。

材料

猪肉泥400克、红葱酥50克、蒜头酥30克、香菇100克、葱50克

调味料

细砂糖1.5大匙、酱油100毫升、蚝油40毫升、水700毫升

做法

1. 香菇泡发，与葱分别洗净切碎，备用。
2. 热锅，倒入约100毫升的色拉油（材料外），以小火爆香香菇碎和葱碎，加入猪肉泥，转中火拌炒至猪肉泥表面变白散开，加入蚝油略炒香后，加入其余调味料拌匀。
3. 待汤汁煮至滚沸，加入红葱酥和蒜头酥，转小火炖煮约10分钟即可。

豆瓣辣淋酱

用途：淋在饭或面，以及各种烫过的食材上。

材料
花椒粉1/4小匙、辣豆瓣酱2大匙、蚝油1大匙、细砂糖1小匙、热开水1大匙、葱花1小匙、香油1小匙

做法
1. 将细砂糖倒入热开水中搅拌至溶解。
2. 加入其余材料调匀即可。

雪菜肉酱

用途：拌饭、面，或淋在各种烫过的食材上。

材料
雪菜末1杯、肉泥1/2杯、蒜末1大匙、红辣椒末1/3小匙

调味料
虾油1/5大匙、白砂糖1小匙、盐1/3小匙、胡椒粉1/2小匙、水1/2杯

做法
将虾油、肉泥一起煸炒至出油，再加入蒜末、红辣椒末炒香，随即放入雪菜末、白砂糖、盐、胡椒粉与水，一起煮滚至入味即可。

云南凉拌酱

用途：拌云南米线，或制作云南式的凉面。

材料
柠檬汁2大匙、红油2大匙、香油1大匙、白砂糖1大匙、红葱头末1小匙、蒜头末1小匙、红辣椒末1小匙、香菜末1大匙

做法
将上述所有材料混合拌匀即可。

麻辣酱

用途：可用作凉面酱或蘸酱。

材料

红油4大匙、香醋1小匙、白砂糖1小匙、酱油1小匙、蒜泥1/2小匙、香油1/4小匙

做法

1. 红油放入碗中备用。
2. 将香醋、白砂糖、酱油、蒜泥、香油一起放入红油中混合拌匀即可。

八宝辣酱

用途：拌饭、面，或加在汤面里以增加风味。

材料

肉泥300克、蒜末2大匙、豆干丁1/2杯、毛豆3大匙

调味料

A. 甜面酱3大匙、辣椒酱2大匙
B. 高汤3杯、醋2大匙、糖1.5大匙、料酒1.5大匙

做法

1. 将肉泥煸出少许油来，但不可以煸得太干，然后加入蒜末炒香，备用。
2. 豆干丁汆烫备用；毛豆汆烫后用冷水冲凉备用。
3. 将肉泥、豆干丁、毛豆与调味料A略炒均匀，再加入调味料B煮至入味即可。

八宝素酱

用途：拌饭、拌面，或加在汤面里以增加风味。

材料

素肉50克、马蹄6个、香菇3朵、黑木耳丁30克、玉米粒50克、胡萝卜丁50克、毛豆40克、豆干丁50克、姜末20克、热水150毫升

调味料

甜面酱1大匙、素蚝油1小匙、香菇粉1小匙、盐1/2小匙、白砂糖1小匙、胡椒粉适量

做法

1. 煮一锅滚水，放入素肉泡软，捞起沥干切丁；香菇洗净泡软，切丁备用；马蹄洗净去皮，切丁备用。
2. 热锅，倒入适量色拉油（材料外），放入姜末爆香至微干，加入豆干丁炒至香味溢出，再加入香菇丁和胡萝卜丁拌炒。
3. 放入其余材料炒熟，再加入所有调味料和热水炒至入味即可。

芝麻酱

用途：可用作凉面拌酱，或淋在水煮青菜上。

材料

芝麻酱2大匙、香油1小匙、花生粉1小匙

做法

将上述所有材料搅拌均匀即可。

沙茶凉面酱

用途：可用作凉面拌酱或淋在凉拌菜上。

材料

A. 水5大匙、粘米粉1/2小匙、香油1小匙
B. 沙茶酱1.5大匙、蒜末1/2小匙、细砂糖1.5
小匙、蚝油1小匙、牛肉汁1小匙

做法

1. 将材料A中的水倒入小锅中以小火煮滚，加
入材料B拌匀，煮至微滚备用。
2. 将粘米粉以适量水（材料外）调匀成芡
汁，加入做法1微滚的调味料勾芡至浓稠，
熄火后淋上香油，略拌放凉即可。

香豉酱

用途：可用作凉面拌酱。

材料

豆豉1小匙、色拉油1小匙、蒜末1/2小匙、姜
末1/4小匙、凉开水3大匙、酱油1小匙、细砂
糖1/2小匙、香油1/2小匙

做法

1. 豆豉放入小碗中，加入适量热水泡约5分
钟，捞出沥干后，切碎备用。
2. 热锅倒入色拉油烧热，放入豆豉碎和蒜
末，以小火炒约1分钟，加入凉开水及其余
材料拌匀煮滚，熄火放凉即可。

剁椒凉面酱

用途：可用作凉面拌酱。

材料

剁椒1大匙、凉开水5大匙、细砂糖1.5小匙、
白醋2小匙、酱油1小匙、香油1小匙

做法

1. 将剁椒放入果汁机中，加入凉开水打成
汁，倒入碗中备用。
2. 将其余材料放入做法1中搅拌均匀即可。

台式凉面酱

用途：可用作凉面拌酱或淋在水煮青菜上。

材料
蒜泥1/2大匙、葱姜水100毫升、芝麻酱3大匙

调味料
香油1大匙、辣油1大匙、醋1小匙、柠檬汁1大匙、盐1小匙、细砂糖1小匙

做法
将上述所有材料及调味料混合拌匀即可。

注：葱姜水是将适量葱及姜拍碎，浸泡在凉开水中30分钟，过滤葱姜后保留的汤汁。

示范料理 **台式凉面**

材料
熟细油面180克、小黄瓜丝30克、胡萝卜丝20克、鸡胸肉丝50克、台式凉面酱适量

做法
1. 将熟细油面放入盘中，再依序摆上小黄瓜丝、胡萝卜丝和鸡胸肉丝。
2. 食用前再淋上台式凉面酱即可。

示范料理 **川味凉面**

材料
熟细拉面300克、绿豆芽20克、小黄瓜1/2条、川味麻辣酱3大匙、香菜适量

做法
1. 将绿豆芽以滚水氽烫至熟后捞起冲冷水至凉；小黄瓜洗净后切丝，浸泡在凉开水中备用。
2. 取一盘，将熟细拉面置于盘中，再于面条表层放上做法1的材料，最后淋上川味麻辣酱，撒上适量香菜即可。

川味麻辣酱

用途：可用作凉面拌酱。

材料
色拉油2大匙、水1大匙、辣椒粉10克、花椒油1/2小匙、香醋1小匙、盐1小匙、细白糖1小匙、酱油1小匙、蒜泥1/2小匙、香油1/4小匙

做法
1. 热锅，倒入色拉油烧热后，熄火备用。
2. 取一碗，先将水与辣椒粉调匀，再冲入做法1的热油快速调匀，即为辣油。
3. 将香醋、酱油、花椒油、细砂糖、盐、蒜泥、香油一起放入辣油中混合拌匀即可。

中式酱料篇·拌饭拌面酱

西式酱料篇

西式酱料的**基本材料**

黑胡椒是西式酱料中一种常用的调味料，味道比较浓厚，还有丝丝辛辣味。西餐里经常会用黑胡椒来增加食物的鲜香，一些需要烤制的食材也会用到黑胡椒。白胡椒的味道没有黑胡椒那么浓烈，比较温和，它主要是让本来已经很美味的食物增加一丝清香，也就是起到提味的作用，经常用于各种汤品。不论是黑胡椒还是白胡椒，一定要在食物快出锅前放进去，因为长时间地闷煮会让它们的香味挥发，就起不到增香的作用了。胡椒的主要成分是胡椒碱，也含有一定量的芳香油、粗蛋白、淀粉及可溶性氮，具有祛腥、解油腻、助消化的作用，其芳香的气味能令人胃口大开，增进食欲。

洋葱作为西餐里的一种基本材料，主要起到提味增香的作用，像做各类汤、沙拉和酱料的时候，十有八九离不开洋葱。洋葱这种根茎类蔬菜有很好的吸水性，放入酱料中可以很好地吸取酱汁，从而增进口感。洋葱含有前列腺素A，能降低外周血管阻力，降低血黏度，具有降血压、提神醒脑、缓解压力、预防感冒等功效。此外，洋葱还能清除体内自由基，增强新陈代谢的能力，抗衰老，预防骨质疏松。

红葱头原产于中东，是洋葱的一个变种，香味比洋葱更甚，而刺激味则比大蒜要柔和，是西式酱料的重要材料之一。红葱头主要用来给酱料提味，像菲力牛排酱、原味洋葱酱、蘑菇酱、贝尔风味酱汁等。用红葱头制作酱料时，不应该像洋葱那样炒上色，否则会产生苦味。整粒的红葱头可以作为蔬菜使用，剁碎的可以撒在沙拉和蔬菜条上，也可以用在鱼类和肉类的菜肴上。红葱头还可以用醋腌制。

蛋黄酱可用于面包、土司的调味，也可当作沙拉的底酱，用途十分广泛。蛋黄酱的材料以蛋黄和色拉油为主，制作时要打入大量空气，才能有膨膨的口感。可在拌好蛋黄酱之后加入适量热开水，利用开水的热度让蛋黄稍微变硬，让蛋黄酱吃起来口感更好；也可利用柠檬汁增加蛋黄酱的香味，同时也可以让其颜色变白。利用蛋黄酱来制作沙拉酱时，加料的过程中要不停搅拌，如果搅拌得不够均匀，放久之后，原本拌进去的一些液状材料又会慢慢分离出来，这就是非常失败的沙拉酱了。

番茄酱在意大利菜、墨西哥菜等西式、南美料理中，是经常使用到的调味材料。西式料理中习惯把西红柿做成番茄酱后做调味用，而中式料理中却习惯直接用西红柿来进行调味。新鲜的西红柿带有自然的香味和甜味，有提味的作用，同时也可以缓和其他调味料对舌头的刺激。只要在酱中加入西红柿，就不太会有"死咸"或者"齁甜"的感觉。不过番茄酱就不是这样了，它已经调过味了，所以西红柿本身的风味反而不太明显。因此在酱料中使用番茄酱不仅仅是用来调味，最主要是为了增强酱料的浓稠感，其次是为了调成红红的酱色，可以让人胃口大开。

奶油可分为动物性奶油和植物性奶油。动物性奶油是从天然牛奶中提炼出来的，营养、口味更棒一些；植物性奶油是以大豆油等植物油和水、盐、奶粉等加工而成的，营养没有动物性奶油丰富，但热量比一般动物性奶油少一半以上，且饱和脂肪酸较少，不含胆固醇。植物性奶油一般用来裱花，动物性奶油则通常用来制作奶油蛋糕、冰淇淋、慕斯蛋糕、提拉米苏等，或作为面包的馅料。如果做面包的时候加一些，也会让面包更加松软。奶油主要有软化或者完全融化两种处理方法，如面糊类蛋糕就必须借由奶油打发拌入空气来软化蛋糕的口感以及膨胀体积；而制作酱料时，则大部分都要将奶油融化，再加入材料中拌匀。

百里香是应用时间久远的一种天然的调味香料，尤其在欧洲美食烹饪中经常被使用。它的气味芳香浓郁，味道辛香，当烹调海鲜和肉、鱼类等食物时，用少量的百里香能去除其中的腥味，使菜肴变得更加美味。调制酱料时加一点百里香，可以增添酱料的清香和草香味。百里香中的碳水化合物、蛋白质、维生素C和硒、铁、钙、锌的含量均比普通蔬菜要高，尤其是含有大量挥发性的成分，营养价值很高。

欧芹是西式料理中常见的一种香料，就像中式料理中的香菜一样。它不仅有装饰盘面的作用，在调制酱料时也是很好用的调味料，尤其是用在鱼类料理上，味道非常好。欧芹的叶子长得有点像芹菜或香菜，如果是用于制作酱料，可以把它切碎再用，但是欧芹的味道有一点呛，除非有特殊要求，否则添加的量不宜过多。

薄荷也是西式料理中使用非常普遍的一种调味香料。可以整片叶子使用，也可以使用薄荷草。薄荷本身有淡淡的清香，味道很清爽，可以去除油腻感，还有一点提神的功能。它的用途也非常广泛，包括调酒，制作果酱、沙拉酱等。薄荷比较适合制作浓稠的酱料，如果是口味较淡的酱料，薄荷味道过于突出，易盖过其他材料的味道。用薄荷草调制酱料时，可以先放入酱汁一起煮，之后再过滤掉。

月桂叶有另一个名字叫"香叶"，它有浓浓的香味，是一种去除肉腥味效果显著的香料，很适合在烹调肉类或调制肉类蘸酱的时候使用。但是因为它的味道很重，所以不宜加太多，否则会盖住食物原有的味道。以磨成粉末的月桂叶为例，一般煮一大锅肉，只需用小指甲盖挑一点点就够了；如果是用整片叶子，一片叶子煮一锅肉就绰绰有余了；如果是用来调制酱料，可以选小一点的叶子。

罗勒具有清爽的香甜气味和微苦的滋味，在意大利菜和泰式菜中较为常见。将大蒜、辣椒、罗勒泡在橄榄油里，就能

制成罗勒橄榄油，而这种油是制作烤鱼、意大利面或披萨酱料时的一个秘密法宝。将罗勒、大蒜、油、松子、帕马森奶酪拌到一起研磨均匀，就能制成热那亚酱汁，很适合用来为汤品、炖菜与沙拉增添风味。

迷迭香

具有新鲜的香甜气味，清爽的淡淡苦味与樟脑般的强烈香味。它主要含挥发油和酚酸类成分，具有抗氧化、抗菌等功效，还能促进消化、消除疲劳。制作羊肉、猪肉、鸡肉

料理时少量使用可以掩盖肉腥味。迷迭香更常用于烘烤类料理，可为料理增香，也可以做成香草奶油放在蔬菜沙拉旁装饰。不过迷迭香是香气强烈的香草，千万别一次性放太多，否则过犹不及。新鲜迷迭香的叶柄像木头一样硬，建议在烹调结束后取出。

柠檬汁

有较好的酸味和清新感。因为柠檬的酸性可以分解油脂，所以常常用柠檬汁调制一些油腻食物的蘸酱，可以去油腻；而且把柠檬汁加进肉类腌料里，可将分布在肉里面的脂肪软化，使肉吃起来比较嫩。除了去油腻、软化肉质以外，柠檬也可以去腥，所以一般我们会在海鲜上面挤几滴柠檬汁。在某种程度上，柠檬汁和醋的功能非常相近，只不过味道不太一样，因此，有时候也可以将这两样东西混用。例如做泡菜的时候，除了用醋，也可以加一些柠檬汁，就成为另一种风味的泡菜了。另外，青柠檬和黄柠檬是两个不同品种的柠檬，青柠檬比较小，汁多皮薄，果肉呈绿色，比较酸，价格也比较贵；黄柠檬较大，皮较厚，果肉颜色偏黄。不管是青柠檬汁还是黄柠檬汁，都可以拿来涂在刀子上，切容易氧化变色的水果时，可以防止变色。

西式酱料基础高汤制作

牛高汤

● 材料

A. 牛大骨3千克、水6500毫升

B. 百里香1大匙、胡萝卜1根、西芹2根、西红柿1个、白菜1/4棵、洋葱2个、蒜头10瓣、月桂叶3片

● 做法

牛大骨放入冷水中煮滚后，转小火，捞去表面浮渣，放入材料B，煮5小时后过滤即可。

鸡高汤

● 材料

鸡骨、鸡爪、鸡翅共3千克，水6500毫升、胡萝卜1根、西芹2根、西红柿1个、白菜1/4棵、洋葱2个、蒜头10瓣、月桂叶3片、百里香1大匙

● 做法

将上述所有材料放入锅中，大火煮至滚开后捞去浮渣，再以小火煮4小时后过滤即可。

鱼高汤

● 材料

鱼骨3千克、黄油100克、白葡萄酒50毫升、水6500毫升、胡萝卜1根、西芹2根、西红柿1个、白菜1/4棵、洋葱2个、蒜头10瓣、月桂叶3片、百里香1大匙

● 做法

将材料中所有蔬菜切细，将鱼骨和所有蔬菜、月桂叶、百里香放入黄油中以小火炒煮，然后倒入白葡萄酒略煮，再加水煮至滚开后捞去浮渣，以小火再煮1小时后过滤即可。

红高汤

● 材料

牛骨1千克、猪骨1千克、黄油60克、番茄酱5大匙、西红柿糊5大匙、胡萝卜1根、西芹2根、西红柿1个、白菜1/4棵、洋葱2个、蒜头10瓣、月桂叶3片、百里香1大匙、水5000毫升

● 做法

1. 牛骨切小块，与猪骨一起放入黄油中，以中火炒至焦黄色（也可以放入烤箱中，以200℃烤30~40分钟，并不时翻动）。

2. 加入其余材料（水除外），继续以小火炒10分钟，再倒入水煮开，然后转小火煮2小时以上，过滤即可。

沙拉酱

传统蛋黄酱

用途：可做生菜沙拉酱或加味沙拉酱基底层，或三明治、汉堡淋酱。

材料

A. 盐8克、细砂糖80克、玉米粉60克、白醋20克、水280毫升
B. 全蛋液110克、色拉油420毫升

做法

1. 材料A混合拌匀，开小火煮并不时搅拌均匀，煮至透明且呈凝胶状后离火，备用。
2. 趁热将做法1的材料倒入电动搅拌器内，分次加入全蛋液与色拉油，以中速搅打，每次加入都必须打至材料完全吸收乳化后，才能再加入，直到全蛋液与色拉油加完为止，搅拌均匀即可。

蛋黄酱

用途：做沙拉酱，还可以作为水煮蔬菜（如茭白、芦笋等）的蘸酱。

材料

A. 蛋黄5个、盐8克、白醋30毫升、法式芥末酱28克、细砂糖120克
B. 色拉油1000毫升
C. 胡椒粉3克、柠檬汁150毫升

做法

1. 将材料A混合并以电动搅拌器打至膨胀、绵细状态。
2. 一边将材料B徐徐加入做法1的材料中，一边以电动搅拌器搅拌至全部材料成白色浓稠，再加入材料C拌匀即可。

特制沙拉酱

用途：做沙拉酱，也可以拿来蘸面包吃。

材料

鲜奶油200毫升、白兰地酒3小匙、番茄酱2大匙、法式芥末酱1.5大匙、柠檬汁20毫升、香菜碎1大匙、香芹碎2小匙、细砂糖1小匙、盐1小匙、黑胡椒粗粉1小匙

做法

将上述所有材料混合搅拌均匀即可。

千岛沙拉酱

用途：做蔬菜、水果沙拉。

材料

蛋黄酱10大匙、番茄酱8大匙、辣酱油1小
匙、柠檬1/2个（挤汁）、白煮蛋1个、酸黄瓜
碎1小匙、洋葱碎2大匙、欧芹碎1小匙、细砂
糖4小匙

做法

1. 白煮蛋切碎，备用。
2. 取一个稍大的碗，倒入蛋黄酱及番茄酱拌
   匀，再加入糖与其余材料拌匀即可。

注：蛋黄酱做法见P130。

美式千岛酱

用途：做蔬菜、水果沙拉。

材料

蛋黄酱300克、番茄酱200克、美式辣椒酱适
量、辣酱油适量、柠檬汁适量、白煮蛋1个、
腌黄瓜25克、洋葱40克、青辣椒30克

做法

1. 将腌黄瓜、洋葱、青辣椒、白煮蛋切碎，再
   以麻布挤干水分。
2. 将蛋黄酱、番茄酱、柠檬汁混合拌匀，加
   入做法1的材料拌匀，再加入美式辣椒酱、
   辣酱油拌匀即可。

注：蛋黄酱做法见P130。

荷兰蛋黄酱

用途：做沙拉、三明治。

材料

鲜奶油35克、白葡萄酒20克、柠檬汁5毫
升、温水15毫升、蛋黄3个、盐适量、黑胡椒
粗粉适量

做法

1. 将白葡萄酒、柠檬汁、盐和黑胡椒粗粉煮开
   至浓缩，冷却备用。
2. 将蛋黄放入不锈钢盆中，加入做法1的材料，
   隔热水搅打均匀，从热水中移开后再慢慢加
   入鲜奶油，并不断搅拌均匀至凝结，最后加
   入温水调拌，混合拌匀即可。

凯撒沙拉酱

用途：拌生菜沙拉，炒饭或作为土司抹酱。

材料

橄榄油1200毫升、奶酪粉230克、法式芥末酱3小匙、柠檬汁4大匙、蛋黄8个、培根碎1大匙、鳀鱼1大匙、酸豆15克、洋葱碎60克、蒜碎2大匙

做法

1. 酸豆切碎后与洋葱碎、蒜碎、培根碎及鳀鱼拌匀。
2. 蛋黄、法式芥末酱、柠檬汁混合打匀，加入做法1的材料与橄榄油慢慢打成沙拉酱汁，再加入奶酪粉打匀即可。

示范料理 **熏鸡凯撒沙拉**

材料

生菜1/2棵、奶酪100克、烟熏鸡肉片2大片、培根3大片、大蒜面包丁50克、奶酪粉1大匙、黑胡椒粉适量、凯撒沙拉酱适量

做法

1. 将生菜洗净剥小块，浸泡冰水10分钟使其口感爽脆，捞起沥干，与凯撒沙拉酱混拌均匀，装入盘中备用。
2. 将奶酪切成条状；烟熏鸡肉片切成一口大小；培根切小片，在锅中干烤至出油；大蒜面包丁放入烤箱烤至金黄色，备用。
3. 将做法2的所有材料铺在生菜上，撒上奶酪粉、黑胡椒粉即可。

土豆沙拉酱

用途：除了适合做土豆沙拉，
也可以做通心粉沙拉。

材料

橄榄油7大匙、柠檬汁3大
匙、西芹碎1大匙、洋葱碎1
大匙、蒜头1瓣、欧芹碎适
量、盐2小匙、黑胡椒粗粉
适量

做法

蒜头压成泥，取一小碗放入
柠檬汁、蒜泥、洋葱碎、西
芹碎与盐，撒上适量黑胡椒
粗粉，缓缓加入橄榄油，边
加边搅拌至均匀即可。

示范料理 土豆沙拉

材料
土豆4个、洋葱1/2个、欧芹碎2
大匙、土豆沙拉酱适量

做法
1. 土豆洗净，连皮在滚水中（水量需盖过土豆）煮至熟透，
   沥干待凉。
2. 土豆去皮后切滚刀块，放入大碗中，加入切碎的洋葱与欧
   芹碎拌和。
3. 将土豆沙拉酱淋在做法2的材料上，拌至土豆块均匀沾上
   沙拉酱即可。

沙拉意大利汁

用途：拌沙拉或蘸面包。

材料

橄榄油85毫升、白酒醋50毫升、蛋黄酱350克、淡奶油25毫升、法式芥末酱20克、意大利汁200毫升、柳橙1个、柠檬1/2个、白煮蛋2个、果糖35克、盐30克、白胡椒粉1小匙

做法

柳橙、柠檬压汁后，与其他材料搅拌混合均匀即可。

注：蛋黄酱做法见P130。

风味酱汁

用途：拌沙拉或蘸面包。

材料

橄榄油180毫升、白酒醋2大匙、淡奶油80毫升、墨西哥辣椒酱数滴、法式芥末酱2小匙、白煮蛋1个、细砂糖1小匙、盐1小匙、黑胡椒粗粉1小匙

做法

1. 法式芥末酱、白煮蛋、细砂糖、盐、黑胡椒粗粉拌匀，分次倒入橄榄油，搅拌至蛋黄酱般浓稠。
2. 加入白酒醋、墨西哥辣椒酱拌匀，最后加入淡奶油拌匀即可。

双味茄汁酱

用途：一般用作西式料理的蘸酱，也可以蘸薯条或拌意大利冷面。

材料

西红柿1个、橄榄油3大匙、红酒醋3大匙、蛋黄酱200克、法式芥末酱2小匙、柠檬汁2大匙、酸黄瓜碎1大匙、细砂糖适量、盐适量、黑胡椒粗粉适量

做法

将上述所有材料放入果汁机中搅打均匀即可。

注：蛋黄酱做法见P130。

苹果油醋汁

用途：除了拌生菜色拉，也可用来蘸拌鸡肉或海鲜。

材料

橄榄油2大匙、红酒1大匙、苹果醋1.5大匙、枫糖浆2小匙、盐1小匙、黑胡椒粗粉1小匙

做法

将上述所有材料混合搅拌均匀即可。

百香油醋

用途：除了作为油醋类沙拉酱，也可作为西餐前菜的拌酱。

材料

橄榄油4大匙、苹果醋2大匙、百香果（取果肉含汤汁）3个、细砂糖2大匙、盐1小匙

做法

将上述所有材料混合拌匀即可。

西红柿水果醋酱

用途：作为沙拉酱或蘸火腿。

材料

橄榄油50毫升、水果醋6大匙、番茄酱2大匙、辣椒酱1小匙、杧果酱2大匙、芥末粉1小匙、盐1小匙

做法

将上述所有材料放入果汁机中搅拌均匀即可。

冷牛肉沙拉汁

用途：做冷牛肉沙拉，或蘸 余烫过的肉类。

材料

辣酱油2小匙、白葡萄酒3大 匙、苹果醋2大匙、柳橙汁2 大匙、柠檬汁1大匙、细砂糖 适量

做法

将上述所有材料混合搅拌 均匀即可。

示范料理 **冷牛肉沙拉**

材料

菲力牛肉300克、生菜50 克、盐适量、黑胡椒粗粉 适量、冷牛肉沙拉汁适量

做法

1. 菲力牛肉用盐、黑胡椒粗粉调味，取平底锅用大火将牛肉煎至 五成熟。
2. 将煎好的牛肉取出放进冰水里浸冷，待冰凉后将水分拭干，切 薄片备用。
3. 冷牛肉片搭配生菜置于盘中，淋上冷牛肉沙拉汁即可。

油醋西红柿汁

用途：可做油醋西红柿，也可以搭配蔬食，如油醋彩椒。

材料

橄榄油3大匙、红酒醋2大匙、辣酱油2小匙、罗勒丝2小匙、蒜碎2小匙、意大利香料1小匙、细砂糖3小匙、盐1小匙、黑胡椒粉1小匙

做法

将上述所有材料混合拌匀，即为油醋西红柿汁。

示范料理　**油醋西红柿**

材料

西红柿4个、小黄瓜2根

做法

1. 将西红柿洗净，切去蒂头，在底部切十字，开水烫过后泡入冷水中，然后去除外皮，切成片摆盘。
2. 另将小黄瓜斜切成6厘米的长条，摆入盘中，淋上油醋西红柿汁拌匀即可。

红酒醋酱汁

用途：除了用作沙拉酱汁，也可以用作煎、煮食物的酱汁。

材料

橄榄油150毫升、红酒醋100毫升、欧芹碎1大匙、细砂糖1小匙、盐1小匙、黑胡椒粗粉1小匙

做法

将上述所有材料混合拌匀即可。

塔塔酱

用途：搭配炸鱼排、生菜或无盐的饼干皆可。

材料

淡奶油2大匙、蛋黄酱250克、白酒醋2大匙、柠檬汁2大匙、鸡蛋1个、酸黄瓜碎3大匙、芹菜碎2小匙、红甜椒碎2小匙、洋葱碎2大匙、芹菜碎1大匙、小茴香1小匙

做法

将鸡蛋煮熟切碎，与酸黄瓜碎一起倒入蛋黄酱中搅拌，再加入其余材料拌匀即可。

注：蛋黄酱做法见P130。

鳀鱼酱汁

用途：搭配面包、生菜、沙拉、意大利面都非常美味可口。

材料

罐装鳀鱼4条、法式芥末酱1大匙、原味酸奶150毫升、柠檬汁4大匙、蒜碎2大匙、细砂糖2小匙、白胡椒粉适量

做法

将鳀鱼剁成泥，再与其余材料混合拌匀，放入冰箱冷藏即可。

牛油果酱汁

用途： 可用作西芹、小黄瓜、萝卜等生食材，以及烫青菜等的蘸酱。

材料

牛油果1个、淡奶油180毫升、原味酸奶150毫升、白酒醋20毫升、白煮蛋1个、酸豆1大匙、洋葱碎3大匙、西芹碎1大匙、欧芹碎1大匙、酸黄瓜碎1大匙、细砂糖1大匙、盐1小匙、黑胡椒粗粉1小匙

做法

将上述所有材料放入料理机中搅打成泥即可。

柳橙风味酱汁

用途： 除了作为水果风味的沙拉酱，作为前菜拌酱也不错。

材料

橄榄油150毫升、法式芥末酱1大匙、柳橙1个、柠檬1.5个、洋葱碎1大匙、细砂糖1大匙、盐1小匙、黑胡椒粗粉1小匙

做法

1. 将柳橙压汁，皮切碎；柠檬压汁，备用。
2. 将细砂糖、柳橙汁、柠檬汁搅拌均匀，再加入法式芥末酱、盐、黑胡椒粗粉拌匀，接着加入橄榄油拌匀，最后拌入洋葱碎即可。

苹果酸奶酱

用途： 可作为水果风味沙拉酱，也可作为贝果或三明治的涂酱。

材料

番茄酱2大匙、淡奶油1大匙、原味酸奶3大匙、苹果原汁1大匙、蛋黄酱2大匙

做法

先在番茄酱中加入淡奶油拌匀，再加入原味酸奶及苹果原汁拌匀，最后加入蛋黄酱拌匀即可。

注：蛋黄酱做法见P130。

葡萄柚酸奶汁

用途： 可作为水果风味的沙拉酱，作为前菜拌酱也不错。

材料

原味酸奶250毫升、蛋黄酱180克、葡萄柚浓缩汁60毫升、果糖2大匙、盐1小匙、黑胡椒粗粉1小匙

做法

将上述所有材料混合搅拌均匀即可。

注：蛋黄酱做法见P130。

柠檬沙拉汁

用途： 除了作为沙拉酱，还能作为海鲜蘸酱使用。

材料

原味酸奶2大匙、柠檬2个、凉开水30毫升、白煮蛋1个、细砂糖1小匙、盐1小匙、黑胡椒粗粉1小匙

做法

将柠檬压汁，与原味酸奶、凉开水、白煮蛋一起放入料理机中打成泥，再以白砂糖、盐、黑胡椒粗粉调味即可。

香柚沙拉酱

用途： 可作为水果风味沙拉酱，作为贝果或三明治的涂酱也不错。

材料

蛋黄酱300克、葡萄柚1个、葡萄柚浓缩汁50毫升、果糖1大匙

做法

葡萄柚取果肉，与其他材料一起放入盆中拌匀即可。

注：蛋黄酱做法见P130。

百香果沙拉酱

用途：可作为水果风味沙拉酱，也可作为贝果或三明治的涂酱。

材料

蛋黄酱300克、百香果浓缩汁60毫升、柠檬汁2大匙

做法

将上述所有材料混合拌匀即可。

注：蛋黄酱做法见P130。

柠檬风味沙拉酱

用途：可作为水果风味沙拉酱，也可作为贝果或三明治涂酱。

材料

蛋黄酱300克、柠檬浓缩汁60毫升、柠檬汁20毫升、柠檬皮丝1大匙、果糖3大匙

做法

将上述所有材料放入盆中混合拌匀即可。

注：蛋黄酱做法见P130。

猕猴桃风味酱汁

用途：可作为水果风味沙拉酱，也可作为贝果或三明治的涂酱。

材料

蛋黄酱300克、猕猴桃浓缩汁60毫升、柠檬汁10毫升、果糖1大匙

做法

将上述所有材料混合拌匀即可。

注：蛋黄酱做法见P130。

水果风味调味酱

用途：可作为水果风味沙拉酱，也可作为贝果或三明治的涂酱。

材料

蛋黄酱300克、水果酒1小匙、什锦水果罐头3大匙、柳橙浓缩汁30毫升、柠檬汁15毫升

做法

将上述所有材料混合拌匀即可。

注：蛋黄酱做法见P130。

鸡肉沙拉酱

用途：做白肉沙拉或意式冷面沙拉。

材料
橄榄油9大匙、柠檬（取汁）1个、盐适量、黑胡椒粗粉适量

做法
将柠檬汁与橄榄油混合，再加入盐、黑胡椒粗粉，充分搅拌即可。

示范料理 **蝴蝶面鸡肉沙拉**

材料
蝴蝶意大利面400克、鸡胸肉3块、橄榄油适量、生菜适量、蒜头适量、洋葱适量、胡萝卜适量、西芹适量、罗勒6片、奶酪适量、鸡肉沙拉酱适量

做法
1. 生菜、蒜头、洋葱、胡萝卜、西芹洗净切片；罗勒洗净切碎备用。
2. 鸡胸肉煎熟，放凉后再切片。
3. 将蝴蝶意面水煮12分钟至微软，沥干水分，洒些许橄榄油拌均匀后放凉。
4. 将奶酪切块，与做法1、2、3的材料及鸡肉沙拉酱拌匀盛盘即可。

牛排酱

菲力牛排酱

用途：除了当菲力牛排调味汁，也适用于烹制一般香煎肉类料理。

材料

牛高汤350毫升、黄油1小匙、葡萄酒30毫升、法式芥末酱1.5小匙、墨西哥辣椒酱1小匙、柠檬汁15毫升、培根1片、红葱头2个、蒜头3瓣、百里香1/5小匙、迷迭香1/4小匙、月桂叶2片、蜂蜜1.5小匙、黑胡椒粗粉1/2大匙、匈牙利红椒粉适量

做法

1. 培根、红葱头、蒜头切碎备用。
2. 黄油入锅煎培根碎，放入红葱头碎、蒜碎、黑胡椒粗粉、月桂叶、百里香、迷迭香炒香。
3. 加入葡萄酒后转小火煮至汤汁收干，再倒入牛高汤继续煮开，加入法式芥末酱、蜂蜜和匈牙利红椒粉、墨西哥辣椒酱，煮至浓稠即可。
注：牛高汤做法见P129。

示范料理 香煎菲力牛排

材料

菲力牛排200克、橄榄油30毫升、盐1小匙、黑胡椒粗粉1小匙、菲力牛排酱适量

做法

在菲力牛排上撒上黑胡椒粗粉和盐，加入橄榄油略腌，然后放入锅中两面翻煎至红褐色，最后将菲力牛排酱淋在牛排上即可。

143

黑胡椒酱

用途： 除了作为牛排淋酱，还能拿来拌饭、面或炒铁板面，制作黑胡椒炒牛柳。

材料

牛高汤2 000毫升、色拉油2大匙、黄油1大匙、淡奶油3大匙、酱油150毫升、番茄酱2大匙、红葱头碎200克、洋葱碎350克、蒜碎200克、玉米粉水适量、鸡精1大匙、黑胡椒粗粉70克、白胡椒粒40克

做法

1. 黑胡椒粗粉和白胡椒粒烤香，备用。
2. 色拉油与黄油先入锅加热，放入蒜碎、洋葱碎、红葱头碎、酱油炒香，再加入做法1的材料一起炒香，再加入番茄酱、淡奶油、牛高汤煮开，最后撒入鸡精，以玉米粉水勾芡即可。

注：牛高汤做法见P129。

蘑菇酱

用途： 淋在鳕鱼排或鸡排上，或者用于搭配牛排、猪排，也可作为意大利铁板面的淋酱。

材料

牛高汤2000毫升、西红柿糊150克、番茄酱4大匙、西红柿碎200克、口蘑片200克、洋葱丝250克、红葱头60克、蒜头70克、百里香适量、盐适量、黑胡椒粗粉适量

做法

1. 蒜头、红葱头去皮洗净后切片爆香，加入西红柿碎、洋葱丝拌炒，再放入口蘑片，倒入西红柿糊、番茄酱，撒上百里香炒至熟软。
2. 倒入牛高汤滚沸20分钟，起锅前加入盐和黑胡椒粗粉即可。

注：牛高汤做法见P129。

洋葱酱汁

用途： 常用作为牛排酱或猪排酱。

材料

牛高汤2 000毫升、番茄酱4大匙、西红柿糊150克、西红柿碎200克、红葱头60克、洋葱丝500克、蒜头70克、月桂叶2片、百里香适量、意大利香料2小匙、盐适量、黑胡椒粗粉适量

做法

1. 蒜头、红葱头去皮洗净后切片入锅爆香，加入西红柿碎、洋葱丝拌炒，倒入西红柿糊、番茄酱、月桂叶，撒上百里香、意大利香料，以中火炒至熟软。
2. 倒入牛高汤拌煮，滚沸20分钟，起锅前加入盐和黑胡椒粗粉调味即可。

注：牛高汤做法见P129。

黑椒汁

用途：除了作为牛排淋酱，还能拌饭、拌面或炒铁板面，制作炒牛柳。

材料

牛高汤250毫升、黄油2大匙、辣酱油1大匙、洋葱碎3大匙、蒜碎2大匙、玉米粉1小匙、白砂糖1小匙、盐 1小匙、黑胡椒粗粉1大匙

做法

用适量黄油将洋葱碎炒至熟软，加入黑胡椒粗粉炒香，再加入其余材料煮滚即可。

注：牛高汤做法见P129。

迷迭香草酱

用途：除了作为牛排酱，亦可作为鸡排的佐酱。

材料

迷迭香1/2大匙、洋葱末1/2大匙、蒜末1/2小匙、A1牛排酱2大匙、高汤100毫升、面粉1/2大匙

做法

1. 热锅，将迷迭香炒香，加入洋葱末、蒜末拌炒均匀。
2. 加入面粉、A1牛排酱以及高汤拌匀，煮至酱汁滚沸即可。

红酒鸡排酱

用途：作为煎鸡排的酱汁。

材料

鸡高汤240毫升、黄油2大匙、红酒（不甜的）4杯、培根200克、蘑菇150克、洋葱2个、蒜头10瓣、百里香1小匙、月桂叶1片、盐适量、黑胡椒粗粉适量

做法

1. 培根和蒜头切碎；洋葱切丝；蘑菇对半切，备用。
2. 锅中加入黄油烧热，用中火煎炒培根碎，再加入洋葱丝与蒜碎、蘑菇煎炒。
3. 将红酒、鸡高汤、百里香、月桂叶入锅煮约10分钟，转大火，煮至汤汁略收至浓稠，最后添加盐及黑胡椒粗粉调味即可。

注：鸡高汤做法见P129。

鹅肝酱牛排酱

用途：可作为很高级的佐牛排酱汁。

材料
黄油50克、淡奶油10毫升、鹅肝酱100克、欧芹碎适量

做法
将上述所有材料混合拌匀即可。

示范料理 **鹅肝酱牛排**

材料
菲力牛排2块、橄榄油2大匙、盐适量、黑胡椒粗粉适量、鹅肝酱牛排酱适量

做法
1. 将菲力牛排双面涂上少许盐及黑胡椒粗粉略腌。
2. 将橄榄油入锅用大火烧热，放入菲力牛排煎至5分熟，起锅后，置于盘内，淋上鹅肝酱牛排酱即可。

香橙酸奶蘸酱

用途：可作为排餐类的酱汁，适合搭配海鲜。

材料

酸奶200毫升、柳橙2个、玉米粉水2小匙、白砂糖适量、盐1/2小匙

做法

1. 将柳橙压汁，柳橙皮切碎。
2. 柳橙汁放入锅中，煮开后转中火，放入切碎的柳橙皮，以白砂糖、盐调味，再倒入酸奶，最后用玉米粉水勾芡。

示范料理 吉利炸羊排

材料

羊肩排3块、奶酪片1片、奶酪粉1大匙、蛋1个、面包粉5大匙、面粉2大匙、欧芹碎2小匙、迷迭香1/4小匙、盐适量、黑胡椒粗粉适量、香橙酸奶蘸酱适量

做法

1. 羊肩排撒上盐与黑胡椒粗粉腌渍，备用。
2. 将奶酪片切碎，与奶酪粉、欧芹碎、迷迭香、面包粉一起拌匀备用。
3. 将腌好的羊肩排依次沾上面粉、蛋液，再裹上做法2的材料，放入油温为170℃的油锅中炸至两面呈金黄色，盛出摆盘，附上香橙酸奶蘸酱即可。

杧果猪排酱

用途：可作为水果风味的排餐类酱汁，很适合搭配猪肉料理。

材料

鸡高汤240毫升、橄榄油1大匙、辣酱油1大匙、杧果1.5个、蒜头3瓣、红辣椒1个、罗勒碎1大匙、白砂糖1大匙、盐适量、黑胡椒粗粉适量

做法

1. 杧果洗净去皮、去核，将其中1个打成泥，另外1/2个切小丁；蒜头洗净切碎；红辣椒洗净去籽切碎，备用。
2. 油锅烧热，用中火炒香蒜头碎、红辣椒碎、罗勒碎，加入鸡高汤、白砂糖、辣酱油煮开后转小火，再将杧果泥慢慢加入锅中，边煮边搅动，煮至汁液浓稠，加入盐与黑胡椒粗粉调味，起锅后放入杧果丁搅匀即可。

注：鸡高汤做法见P129。

示范料理 **杧果猪排**

材料
里脊肉排4片、面粉3大匙、盐适量、杧果猪排酱适量

做法
1. 将里脊肉排用盐略腌后沾面粉，放入平底锅中煎至两面呈金黄色，待肉熟之后置于盘中。
2. 将杧果猪排酱淋浇在里脊肉排上即可。

苹果咖喱酱

西式酱料篇·牛排酱

用途: 可作为鱼排类料理酱汁。

材料

鱼高汤500毫升、橄榄油2大匙、白葡萄酒20毫升、苹果1个、洋葱1/2个、蒜头4瓣、盐1小匙、黑胡椒粗粉适量、咖喱粉1.5大匙

做法

1. 洋葱、蒜头去皮洗净切粒,苹果洗净去皮切粒,备用。
2. 取锅放入橄榄油,爆香洋葱粒、蒜头粒,再加入苹果粒拌匀,倒入鱼高汤、白葡萄酒,加盐与黑胡椒粗粉,以小火煮15分钟,待汤汁滚沸后,放入咖喱粉迅速搅拌均匀,滤出调味汁即可。

注:鱼高汤做法见P129。

示范料理 苹果咖喱鲷鱼排

材料

鲷鱼排2块、鸡蛋1个、面粉3大匙、面包粉3大匙、盐1小匙、黑胡椒粗粉1/2小匙、苹果咖喱酱适量

做法

1. 鲷鱼排用盐及黑胡椒粗粉腌渍10分钟。
2. 将腌好的鲷鱼排两面沾一层面粉,再沾蛋液,然后裹一层面包粉,放进180℃油锅炸至金黄色。
3. 将苹果咖喱酱淋在炸好的鲷鱼排上即可。

茄香洋葱酱

用途：作为排餐类料理酱汁。

材料

蒜头40克、红葱头20克、洋葱片100克、西红柿碎100克、西红柿糊50克、番茄酱4大匙、百里香适量、高汤1000毫升、意大利香料1小匙、月桂叶1片、盐适量、黑胡椒粗粉适量、白砂糖适量

做法

1. 蒜头、红葱头去皮洗净切片爆香，加入西红柿碎、洋葱片拌炒。
2. 加入西红柿糊，撒上百里香、意大利香料以中小火炒至熟软。
3. 倒入高汤拌煮至沸腾，继续煮20分钟，加入盐、黑胡椒粉、白砂糖调味即可。

香蒜番茄酱

用途：可作为排餐类料理酱汁，特别适合食用猪排时使用。

材料

番茄酱100毫升、西红柿碎80克、洋葱碎40克、蒜末30克、黑胡椒粉适量、白砂糖适量、盐适量、黄油50克、高汤500毫升

做法

1. 热锅，将黄油、洋葱碎、蒜末放入锅中炒香，加入番茄酱、西红柿碎、高汤，以中火煮至沸腾。
2. 以小火继续煮约5分钟，起锅前加入黑胡椒粉、白砂糖、盐调味即可。

西红柿罗勒酱

用途：可作为排餐类料理酱汁，特别适合食用鱼排时使用。

材料

西红柿2个、罗勒叶碎20克、意大利香料1小匙、百里香1/2小匙、淡奶油30毫升、玉米粉1小匙、黄油50克、高汤500毫升、黑胡椒粗粉1/2小匙、盐1/2小匙、白砂糖1/2小匙

做法

1. 西红柿洗净，切碎备用。
2. 热锅，将黄油、西红柿碎放入锅中，炒香约2分钟，加入高汤以中小火煮约5分钟。
3. 加入罗勒叶碎、意大利香料、百里香拌匀，再加入盐、黑胡椒粗粉、白砂糖调味后，用玉米粉勾芡，最后加入淡奶油拌匀即可。

果香咖喱酱

用途：适合搭配牛肉、猪肉、鸡肉，也可以拌饭、面。

材料

苹果1个、胡萝卜丁30克、西芹丁30克、洋葱碎60克、月桂叶1片、鸡高汤500毫升、匈牙利红椒粉1/4小匙、咖喱粉1.5大匙、面粉1小匙、黄油40克、白葡萄酒15毫升、牛奶100毫升、水100毫升、黑胡椒粗粉适量、白砂糖适量、盐适量

做法

1. 苹果洗净切块，加水打成泥，备用。
2. 热锅，放入黄油、白葡萄酒，以中小火炒香洋葱碎、月桂叶、胡萝卜丁、西芹丁。
3. 加入匈牙利红椒粉、咖喱粉、面粉拌炒约2分钟，转小火。
4. 加入鸡高汤、牛奶继续煮约8分钟，再加入苹果泥，以黑胡椒粗粉、白砂糖、盐调味，继续煮约3分钟即可。

注：鸡高汤做法见P129。

西红柿松露酱汁

用途：作为排餐类酱汁，很适合食用肉排类料理时使用。

材料

牛高汤350毫升、黄油20克、白葡萄酒200毫升、番茄酱100毫升、柠檬汁1大匙、水200毫升、火腿60克、松露1颗、口蘑80克、洋葱碎1大匙、蒜末1大匙、欧芹碎2小匙、百里香1小匙、白砂糖1小匙、盐1小匙、黑胡椒粗粉1小匙

做法

1. 松露切碎，口蘑切丝，火腿切碎，备用。
2. 锅中放入黄油，炒香蒜末、洋葱碎、口蘑丝、柠檬汁后，加入牛高汤、白葡萄酒、水、番茄酱，用小火微煮至酱汁略收干。
3. 加入火腿碎、松露碎、百里香、欧芹碎煮开，最后以白砂糖、盐、黑胡椒粗粉调味即可。

注：牛高汤做法见P129。

贝尔风味酱汁

用途：作为排餐类酱汁，很适合食用海鲜时使用。

材料

黄油50克、白葡萄酒150毫升、白酒醋200毫升、蛋黄3个、红葱头碎1大匙、蒜头碎1大匙、香菜碎1大匙、欧芹碎2小匙、茵陈蒿2小匙、白砂糖适量、盐适量、黑胡椒粗粉1小匙

做法

1. 将白葡萄酒、白酒醋、红葱头碎、蒜头碎、黑胡椒粗粉、1小匙茵陈蒿放入锅中搅匀，煮至酱汁略收干，熄火待冷却。
2. 加入蛋黄，用打蛋器搅拌至微稠，再将黄油分次加入蛋黄中，继续用打蛋器搅拌均匀。
3. 加入剩余的茵陈蒿和香菜碎、欧芹碎拌匀，以适量的白砂糖、盐调味即可。

烧烤酱

烤肉酱汁

用途：可以当作烤肉酱，也可以当作一般蘸酱或炒青菜用。

材料

辣酱油1大匙、芥末酱2小匙、柳橙汁120毫升、西红柿糊2大匙、洋葱1个、姜碎1大匙、蒜头2瓣、欧芹碎2大匙、白砂糖100克、盐1小匙、黑胡椒粗粉适量

做法

将洋葱、蒜头去皮洗净，切成碎末，与其余材料混合后，用黄油（材料外）炒煮过即可。

烧烤酱

用途：可以当作烤肉酱，也可以当作一般蘸酱或炒青菜用。

材料

苹果醋25毫升、辣酱油适量、辣椒酱适量、芥末粉1大匙、番茄酱230毫升、柳橙汁80毫升、柠檬汁40毫升、洋葱碎2大匙、蜂蜜20毫升、盐适量、黑胡椒粗粉1小匙

做法

将上述所有材料略煮拌匀，冷却即可。

原味洋葱酱

用途：除了作为烧烤酱使用，亦可作为排餐类酱汁，很适合家禽类料理。

材料

洋葱碎100克、黄油50克、蒜头碎1大匙、欧芹碎2大匙、红葱碎50克、白葡萄酒100毫升、高汤1000毫升、盐1.5小匙、黑胡椒粗粉1.5小匙、白砂糖1.5小匙

做法

1. 热锅，放入黄油烧热，将洋葱碎炒至金黄色，再加入蒜头碎、红葱碎炒香。
2. 加入白葡萄酒、高汤，以小火煮约10分钟。
3. 加入盐、黑胡椒粗粉、白砂糖调味，最后撒入欧芹碎即可。

比萨酱

用途：除了涂烤比萨，也可以做焗烤料理。

材料

鸡高汤8大匙、黄油20克、西红柿糊2大匙、洋葱1/2个、蒜头2瓣、俄力冈1/4小匙、白砂糖1大匙、盐1/3小匙、黑胡椒粗粉1/3小匙

做法

把洋葱和蒜头去皮洗净切碎，锅烧热，加入黄油炒香，再加入其他材料拌炒均匀即可。

注：鸡高汤做法见P129。

香草腌肉酱

用途：腌渍肉类，搭配烧烤类料理食用也别有一番风味。

材料

迷迭香粉1/2小匙、甜罗勒粉1/2小匙、意大利香料1/4小匙、酱油30毫升、黑胡椒粉1克、细砂糖12克

做法

将上述所有材料一起放入果汁机内打匀即可。

奶香芥末酱

用途：制作蔬菜沙拉、各类三明治、土豆泥或烤鸡胸肉、德式香肠等。

材料

蒜头碎50克、黄芥末酱40克、淡奶油50毫升、茵陈蒿1小匙、橄榄油3大匙、芥末籽酱1大匙、白葡萄酒50毫升、黑胡椒粗粉适量、白砂糖适量、盐适量、水适量

做法

1. 热锅，倒入橄榄油烧热，将蒜头碎炒香，再加入黄芥末酱、芥末籽酱略为拌炒。
2. 倒入白葡萄酒、淡奶油和水一起加热。
3. 加入茵陈蒿，以盐、黑胡椒粗粉、白砂糖调味即可。

巴比烤酱

用途：搭配肉类或海鲜可以烤出漂亮的色泽及浓郁的香气。

材料

洋葱碎2大匙、芥末酱1大匙、番茄酱200毫升、辣椒酱1大匙、辣酱油3大匙、盐适量、胡椒适量、蜂蜜30毫升、柳橙汁180毫升、苹果醋50毫升、水250毫升

做法

将上述所有材料混合搅拌均匀即可。

示范料理 **牛小排**

材料
牛小排3片、黄油60克

腌酱
巴比烤酱适量

做法
1. 将牛小排放入腌酱中，均匀腌渍约20分钟。
2. 热锅，放入黄油，以中火烧至8分热，转小火。
3. 将腌好的牛小排放入锅中，每面煎约4分钟，至表皮香酥即可。

花生烤肉酱

用途：作为串烤食物烧烤涂
酱、食材的腌酱，或
油炸肉类蘸酱均可。

材料

洋葱碎50克、蒜头末15克、
姜末10克、芥末酱2小匙、
欧芹碎1大匙、番茄酱4大
匙、柳橙汁120毫升、白砂
糖100克、盐1小匙、黑胡椒
适量、辣酱油1大匙、花生酱
100克、黄油30克

做法

热锅，放入黄油融化，将其
余材料放入锅中，以小火拌
炒均匀即可。

示范料理 **猪小排**

材料
猪小排1块、花生烤肉酱适量

做法
1. 将猪小排放入容器中，倒入完全盖过猪小排的花生烤肉酱，腌渍约20分钟。
2. 热油锅，以中火烧至8分热（约180℃）。
3. 将猪小排放入锅中，转大火，炸约7分钟至表皮金黄熟透即可。

基本蒜香酱

用途：除了当烧烤酱，也能当排餐类酱汁，适合羊排类料理。

材料

大蒜片50克、橄榄油3大匙、辣椒碎10克、欧芹碎1大匙、白葡萄酒80毫升、黑胡椒粗粉适量、白砂糖适量、盐适量、高汤500毫升

做法

1. 热锅，倒入橄榄油烧热，将大蒜片、辣椒碎炒香，加入白葡萄酒、欧芹碎略为拌炒，再加入高汤煮至浓稠。
2. 放入盐、黑胡椒粗粉、白砂糖调味即可。

示范料理 **羊小排**

材料
羊小排3片、黄油60克

腌酱
基本蒜香酱适量

做法
1. 羊小排加入腌酱，均匀泡腌约40分钟。
2. 热锅，放入黄油，以中火烧至8分热，转中小火。
3. 将腌好的羊小排放入锅中，每面煎约3分钟，煎至表皮香酥。
4. 取出羊小排，放入已预热的烤箱，以230℃烤约2分钟至8分熟即可。

金枪鱼焗烤白酱

用途：制作焗烤料理。

材料

金枪鱼罐头1罐、淡奶油80毫升、奶酪150克、白酱180克、豆蔻适量、盐适量、黑胡椒粗粉适量

做法

把金枪鱼和白酱拌在一起，加入豆蔻、淡奶油、奶酪，最后以盐、黑胡椒粗粉调味即可。

注：白酱做法见P161。

示范料理 **金枪鱼焗乳酪面卷**

材料

千层面6片、奶酪丝适量、白酱适量、西红柿丁适量、意大利香料适量、金枪鱼焗烤白酱适量

做法

1. 千层面先煮熟放凉，将金枪鱼焗烤白酱卷入千层面面卷里。
2. 在盘子上先放一点白酱，再将面卷放上去，接着再放白酱，然后撒奶酪丝，放入烤箱，以180℃烤至上色。盛盘时，以西红柿丁、意大利香料装饰即可。

注：白酱做法见P161。

蛋液调味汁

用途：制作焗烤蔬菜料理。

材料
奶酪180克、鸡蛋2个、盐适量、黑胡椒粗粉适量

做法
鸡蛋打散，加入其他材料搅拌成蛋液即可。

示范料理 焗烤茄子

材料
橄榄油适量、奶酪3大匙、肉酱120克、茄子2根、西红柿2个、洋葱1/2个、罗勒8片、面粉适量、蛋液调味汁适量

做法
1. 西红柿洗净切丁，洋葱、罗勒洗净切成碎末备用。
2. 茄子洗净切成圆片，先沾一层面粉，再沾蛋液调味汁，以橄榄油煎至两面金黄待凉。
3. 将每片茄子上均匀铺上一层西红柿丁、洋葱碎，一层肉酱，一层奶酪，各铺三次。
4. 将做法3的材料放入预热180℃的烤箱中，烤至上色取出，盛盘时以罗勒碎装饰即可。

拌面酱

青酱

用途：拌面、做沙拉，也可以用于炒饭。

材料
橄榄油500毫升、白葡萄酒1大匙、乳酪150克、蒜头6瓣、松子仁100克、西芹碎1大匙、欧芹碎2小匙、罗勒碎40克、黑胡椒粗粉1小匙、俄力冈1小匙、意大利香料1小匙

做法
将上述所有材料放入果汁机中搅拌均匀即可。

示范料理 松子青酱意大利面

材料
意大利面80克、蒜末10克、松子仁5克、青酱2大匙

做法
1. 意大利面放入滚水中煮熟后，捞起泡冷水至凉，再以适量橄榄油(材料外)拌匀，备用。
2. 热油锅，以小火炒香蒜末，加入松子仁、青酱及意大利面拌匀即可。

红酱

用途：拌面、红烧牛腩，以及各种意大利面都可用此酱调味。

材料

鸡高汤1/2杯、黄油50克、白葡萄酒1大匙、西红柿2个、西红柿糊1大匙、番茄酱1大匙、洋葱1个、蒜头6瓣、罗勒4片、西芹碎1匙、欧芹碎1匙、月桂叶3片、俄力冈粉1小匙、意大利香料1小匙

做法

蒜头与洋葱去皮洗净切碎，与月桂叶一起用黄油炒香，加入鸡高汤、西红柿、西红柿糊、番茄酱拌炒一下，再加入其余材料略煮至香味溢出即可。

注：鸡高汤做法见P129。

示范料理 **茄汁鲜虾意大利面**

材料

意大利直圆面150克、鲜虾2只、干贝2粒、芦笋（斜切）1根、罗勒叶丝10片、橄榄油2大匙、高汤200毫升、蒜末10克、洋葱末20克、红酱150克

做法

1. 意大利直圆面放入滚水，煮8~10分钟后捞起；鲜虾去头尾、去肠、去壳，洗净备用。
2. 在平底锅中倒入橄榄油，放入蒜末炒至呈金黄色后，放入洋葱末，炒软后加入鲜虾、干贝、芦笋及高汤，再放入红酱以小火炒2分钟。
3. 加入煮熟的意大利直圆面，再放入罗勒叶丝拌匀即可。

意大利茄汁

用途：适合做意大利面的酱汁或是干面的淋酱。

材料

西红柿罐头1罐、橄榄油4大匙、意大利香料适量、盐适量、黑胡椒粗粉适量

做法

取一锅，将上述所有材料放入，以大火煮滚后转小火熬煮一会儿，至茄汁浓稠即可。

白酱

用途：可用于拌面、煮浓汤，或制作焗烤料理。

材料

黄油2大匙、鲜奶600毫升、淡奶油50毫升、白葡萄酒1大匙、洋葱1/2个、蒜头2瓣、面粉4大匙、西芹碎1/2大匙、欧芹碎1小匙、百里香1小匙、月桂叶1片、俄力冈1/2小匙

做法

蒜头及洋葱去皮洗净切碎，与月桂叶一起用黄油炒香，然后放入面粉以小火炒香后，加入其余材料拌炒一下即可。

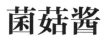

示范料理 **蛋黄笔尖面**

材料

笔尖面150克、白酱150克、奶酪粉20克、高汤200毫升、蛋黄2个、新鲜欧芹末适量

做法

1. 笔尖面放入滚水中，煮8~10分钟后捞起备用。
2. 在平底锅中放入煮熟的笔尖面，加入白酱、奶酪粉和高汤，混合拌匀后，以小火煮约2分钟关火。
3. 倒入蛋黄快速拌匀，最后撒上适量新鲜的欧芹末即可。

菌菇酱

用途：除了作为意大利面酱汁之外，也适合搭配不油腻的鸡肉或鱼肉料理。

材料

鸿禧菇50克、金针菇30克、香菇30克、黄油40克、洋葱碎50克、月桂叶1片、蒜碎10克、低筋面粉4大匙、鲜奶300毫升、淡奶油50毫升、高汤300毫升、俄力冈粉1/4小匙、欧芹碎1/4小匙、西芹碎40克、白葡萄酒30毫升

做法

1. 鸿禧菇、金针菇洗净切段，香菇洗净切片，备用。
2. 热锅，融化黄油后放入洋葱碎、月桂叶、蒜碎炒香，再加入低筋面粉炒1分钟。
3. 加入其余材料，以中小火拌炒2分钟即可。

墨鱼酱

用途：适合做意大利面或意式
米食。

材料

墨鱼囊80克、橄榄油40毫升、
白葡萄酒40毫升、柠檬汁2大
匙、水100毫升、洋葱碎4大
匙、蒜碎2大匙、月桂叶2片、玉
米粉1大匙、白砂糖适量、盐适
量、黑胡椒粗粉适量

做法

1. 墨鱼囊挤出墨汁，加入适量
   玉米粉与水调匀备用；剩余
   玉米粉与水调成玉米粉芡汁
   备用。
2. 以橄榄油爆香洋葱碎、蒜
   碎、月桂叶，加入做法1的材
   料、白葡萄酒、水煮一下，
   加入玉米粉芡汁，最后加入
   柠檬汁、白砂糖、盐、黑胡
   椒粗粉调味即可。

示范料理 **意大利墨鱼饭**

材料
米饭3碗、墨鱼丁
150克、欧芹碎适
量、蒜末适量、墨
鱼酱3大匙

做法
将锅烧热，放入适量橄榄油（材料
外），将蒜末爆香后，放入墨鱼丁略
炒，再放入米饭及墨鱼酱，用中火翻
炒至熟，盛入碗中，撒上适量欧芹碎
即可。

黑橄榄酱汁

用途：除了适合作为意大利面的酱汁，也是味道特
别的沙拉酱。

材料

特级橄榄油3大匙、鳀
鱼2大匙、黑橄榄20
颗、蒜碎2大匙、迷迭
香1小匙、盐适量、黑
胡椒粗粉1大匙

做法

黑橄榄与鳀鱼、蒜碎、特
级橄榄油一起放入搅拌机
内搅打成糊，再加入其余
材料略煮即可。

注：加橄榄油是为了调整
酱汁的浓度。

蒜味基础酱（清酱）

用途：适合佐海鲜、肉类料理食用，也可以做成中式的热炒酱汁。

材料

鸡高汤250毫升、橄榄油3大匙、白葡萄酒80毫升、蒜头5瓣、干辣椒1个、欧芹碎1大匙、罗勒丝1大匙、白砂糖适量、盐适量、黑胡椒粗粉适量

做法

1. 蒜头去皮洗净切片；干辣椒洗净切碎备用。
2. 将蒜片、干辣椒碎以橄榄油炒香，加入鸡高汤、白葡萄酒、欧芹碎、罗勒丝以小火拌炒，最后加入白砂糖、盐和黑胡椒粗粉调味即可。

注：鸡高汤做法见129。

西式酱料篇·拌面酱

示范料理 白酒蛤蜊圆面

材料

橄榄油30毫升、蒜片10克、红辣椒1个（切片）、蛤蜊12个、白葡萄酒适量、煮熟的意大利直圆面180克、罗勒适量、蒜味基础酱60毫升

做法

1. 热锅后放入橄榄油加热，将蒜片、红辣椒片入锅爆香。
2. 放入蛤蜊、白葡萄酒炒熟。
3. 加入煮熟的意大利圆面与蒜味基础酱、罗勒大火快炒1分钟即可。

香葱酱汁

用途：可作为淋酱、蘸酱以及烧煮和拌面的酱汁。

材料

牛高汤500毫升、黄油80克、白葡萄酒200毫升、红葱头400克、洋葱碎2大匙、蒜碎1大匙、香菜碎2大匙、白砂糖1.5小匙、盐1.5小匙、黑胡椒粗粉1.5小匙

做法

1. 红葱头切成厚圆片，用黄油炒至金黄色，捞起备用。
2. 另取一锅，放入蒜碎、洋葱碎炒香，加入白葡萄酒、牛高汤，用小火微煮20分钟，再加入红葱头片略煮，以白砂糖、盐、黑胡椒粗粉调味，最后撒入香菜碎即可。

注：牛高汤做法见P129。

拿波里肉酱

用途：适合做意大利面、千层面料理，也适合拌饭。

材料

红高汤3000毫升、橄榄油3大匙、红酒200毫升、牛肉泥700克、猪肉泥300克、罐装西红柿2500克、洋葱碎3大匙、胡萝卜碎2大匙、月桂叶2片、白砂糖适量、盐适量

做法

1. 在锅中烧热橄榄油，再放入牛肉泥、猪肉泥拌炒均匀。
2. 将牛肉泥和猪肉泥炒至表面微焦，放入其他材料，以小火炖煮约3小时即可。

注：红高汤做法见P129。

口蘑番茄酱

用途：除了作为意大利面酱汁，也可作为排餐类料理的酱汁。

材料

黄油40克、蒜片20克、红葱头片20克、洋葱丝50克、新鲜西红柿碎100克、口蘑片60克、西红柿糊50克、番茄酱3大匙、百里香适量、高汤700毫升、盐适量、白砂糖适量、黑胡椒粉适量

做法

1. 热锅，用黄油爆香蒜片、红葱头片，再加入洋葱丝、新鲜西红柿碎拌炒。
2. 接着放入口蘑片炒香，倒入西红柿糊、番茄酱，撒上百里香拌炒至熟软。
3. 倒入高汤煮沸，再以中小火炖煮约5分钟，起锅前加入盐、白砂糖、黑胡椒粉调味即可。

意大利香料酱汁

用途：适合作意大利面酱汁。

材料

牛高汤150毫升、黄油50克、意大利陈醋1小
匙、番茄酱3大匙、玉米粉1小匙、意大利香料
2小匙、白砂糖适量、盐适量、黑胡椒粗粉适量

做法

玉米粉用适量水调开，将其他材料混合拌匀煮
开后，用玉米粉水勾芡即可。

注：牛高汤做法见P129。

辣茄酱

用途：除了作为意大利面酱汁，也可作为玉米
脆饼的蘸酱。

材料

橄榄油1大匙、醋1大匙、西红柿1个、青辣椒
丝50克、洋葱碎2大匙、蒜末碎1大匙、香菜
碎1大匙、俄力冈粉1/2小匙、盐1/2小匙

做法

西红柿切小块，与其他材料混合拌匀即可。

西红柿薄荷蒜酱

用途：除了拌意大利面食用，也可作为面包条
蘸酱或羊排淋酱。

材料

橄榄油2大匙、西红柿2个、蒜头4瓣、薄荷叶
1大匙、盐1/2小匙、黑胡椒粗粉适量

做法

1. 将西红柿洗净切丁；蒜头、薄荷叶洗净切碎。
2. 橄榄油热锅，用小火炒香蒜碎，加入西红
   柿丁煮至酱汁滚沸收干后关火，加盐、黑
   胡椒粗粉、薄荷叶碎调味即可。

抹酱

抹酱的制作秘诀

*奶油

奶油只要回温至适当柔软度，利用大匙或打蛋器就可以轻易地将它与其他材料搅拌融合了。如果搅拌时发现奶油不够柔软，可将其置于距离热源稍远的温暖处或太阳晒得到的地方，这样就不必担心奶油会因过热而融化。切忌将奶油置于烤箱、炉火上以热源加热，或者以微波的方式软化，因为一旦奶油融化就失去其原有的风味与柔软度了。

* 奶油乳酪

奶油乳酪需要冷藏保存，所以在制作前必须先从冰箱取出使其稍回温软化，以利于之后的搅拌。如果时间不足的话，可以隔水加热的方式来加速奶油乳酪的软化，但切忌不可过度加热，以免奶油乳酪融化。在搅拌调制时，如果觉得难以将其他材料拌入搅拌成块的奶油乳酪时，可以先用打蛋器将奶油乳酪略微拌打，这样奶油乳酪会变得柔软容易搅拌。

* 蛋黄酱

蛋黄酱虽然质地浓稠，但因为是用色拉油拌打出来的，所以不适合添加太多水或者柠檬汁、柳橙汁等酸性果汁。前者在搅打后会产生油水分离的现象，而后者则会将蛋黄酱稀释。在做口味变化时，最好选择浓稠度与蛋黄酱类似的食材或者风味浓郁的粉类食材，这样调制而成的抹酱才可以充分地融合在一起。

* 手工类

面包抹酱必须具有滑顺质感，才能均匀地涂抹在面包上，所以在DIY制作面包抹酱时，必须先将体积大的食材切成小块甚至细末，才易于涂抹；此外，如果使用含水量高的蔬果或金枪鱼罐头等，则要注意将水分挤干或沥干，否则水分太多的抹酱会使面包受潮，影响口感。调制时如果觉得食材太干，可以添加橄榄油、蛋黄酱、黄油或鲜奶油等作为黏稠剂或润滑剂；若是咸口味的抹酱，再加适量盐或胡椒调味，则能轻轻带出抹酱的原始美味！

田螺酱

用途：除了作为面包抹酱，也可作为排餐酱汁。

材料

红高汤200毫升、牛油220克、白葡萄酒50毫升、鸡蛋1个、干葱头碎2大匙、蒜碎2大匙、西芹碎2大匙、百里香1小匙、白砂糖1小匙、盐1小匙、黑胡椒粗粉1小匙、匈牙利红椒粉1小匙

做法

1. 干葱头碎、蒜碎、西芹碎炒香备用。
2. 牛油打发后，加入其余所有材料拌匀即可。
注： 红高汤做法见P129。

田螺奶油酱

用途：适合涂抹面包食用。

材料

奶油300克、白葡萄酒2大匙、洋葱碎3大匙、红葱头碎1大匙、蒜碎2大匙、百里香1小匙、欧芹碎40克、盐1小匙、黑胡椒粗粉1小匙

做法

将上述所有材料放入料理机中搅拌均匀即可。

红椒酱

用途：适用于卷饼及煎蛋上。

材料

奶酪丝150克、西红柿汁750毫升、洋葱丁3大匙、蒜头2瓣、盐1小匙、辣椒粉1大匙、匈牙利红椒粉1小匙、小茴香粉1/3小匙、俄力冈粉1/4小匙

做法

蒜头切碎，与其他材料(奶酪丝除外)用中火边搅边煮，最后加入奶酪丝，转小火略煮一下即可。

茵陈蒿芥末籽酱

用途：涂抹面包。

材料

橄榄油3大匙、淡奶油300毫升、白葡萄酒50毫升、法式芥末酱70克、芥末籽酱2大匙、蒜碎100克、茵陈蒿1小匙

做法

用橄榄油炒香蒜碎，加入法式芥末酱、芥末籽酱、白葡萄酒、淡奶油拌炒，关火后加入茵陈蒿拌匀即可。

大蒜面包酱

用途：涂抹面包。

材料
黄油1/4块、蒜头4瓣、欧芹碎1大匙、俄力冈适量、盐适量

做法
1. 蒜头去皮洗净，切成细末，炒香放凉。
2. 黄油放室温软化，加入其余材料搅拌均匀即可。

西红柿大蒜面包酱

用途：为大蒜面包酱的变化抹酱，适合涂抹面包。

材料
黄油1/4块、小西红柿2个、蒜头2瓣、罗勒碎1/2小匙、盐适量、黑胡椒粗粉1小匙

做法
1. 蒜头去皮洗净，切碎炒香，小西红柿洗净切丁备用。
2. 黄油放室温软化后，加入所有其余材料搅拌均匀即可。

奶油蒜味酱

用途：涂面包的抹酱，与大蒜面包酱有异曲同工之妙。

材料
黄油300克、红酒2大匙、蒜碎60克、百里香1小匙、欧芹碎1大匙、盐1小匙、黑胡椒粗粉1小匙、匈牙利红椒粉1/2小匙

做法
黄油放室温软化后，和其余材料搅拌均匀即可。

奶油咖喱酱

用途：涂抹法国面包等较硬的面包。

材料
黄油300克、白葡萄酒4大匙、洋葱碎250克、红葱头碎1大匙、白砂糖1小匙、盐1小匙、咖喱粉2小匙

做法
1. 用100克黄油将洋葱碎、红葱头碎炒至透明，倒入白葡萄酒煮滚至汤汁微干，加入咖喱粉拌匀后，关火冷却。
2. 将200克软化的黄油、白砂糖、盐放入做法1的材料中搅拌均匀即可。

百里香味奶油酱

用途：可以作为面包的抹酱，以及一些香煎类料理的淋酱。

材料
A. 黄油300克、柠檬1个
B. 白葡萄酒2大匙、法式芥末酱2小匙、洋葱碎2大匙、欧芹碎2大匙、百里香2小匙
C. 白砂糖1小匙、盐1小匙、黑胡椒粗粉1小匙

做法
1. 黄油先放在室温中软化，将柠檬压汁。
2. 将软化的黄油、柠檬汁与材料B搅拌均匀，再以材料C调味即可。

欧芹奶油慕斯

用途：涂面包、土司，或作为甜点淋酱。

材料
新鲜欧芹细末1大匙、沙拉酱3大匙、鲜奶油1大匙、白胡椒粒1小匙、白砂糖1/2大匙

做法
将上述所有材料混合拌匀即可。

中式酱料篇·抹酱

葱香奶油酱

用途：涂抹面包。

材料
黄油1/4块、干葱(罐头)30克、蛋黄1个、味酥1大匙、盐适量、胡椒粉适量

做法
1. 将黄油放在室温下软化备用。
2. 把上述所有材料一起混合搅拌均匀即可。

西洋芥末奶油酱

用途：可作为沙拉酱。

材料
黄油1/4块、芥末酱2大匙、蛋黄1个、盐适量、胡椒粉适量

做法
1. 将黄油放在室温下软化备用。
2. 把上述所有材料一起混合搅拌均匀即可。

甜椒奶油酱

用途：涂抹面包。

材料
黄油1/4块、三色甜椒丁各1大匙、盐适量、胡椒粉适量

做法
1. 将黄油放在室温下软化备用。
2. 把上述所有材料一起混合搅拌均匀即可。

酸奶蓝莓酱

用途：可直接当甜点吃，或用于制作生菜沙
拉、当吐司抹酱皆可。

材料

原味酸奶1盒（约300克）、蓝莓酱2大匙(颗
粒状)

做法

1. 将原味酸奶倒入容器中，打散至均匀没有块。
2. 加入蓝莓酱，拌匀即可。

牛油果酱

用途：蘸蔬菜条（如胡萝卜、小黄瓜、西芹）
或面包条、墨西哥玉米饼。

材料

牛油果1/2个(熟透)约200克、布丁1个(或蛋黄
1个)、鲜奶油1大匙、果糖1大匙、牛奶2大匙

做法

1. 将牛油果果肉取出备用。
2. 将所有材料一起用打蛋器或果汁机搅拌均
   匀即可。

注：如果要做咸味的，可将果糖、布丁改为辣
　　椒粉1/3大匙、白糖1/2小匙及盐1小匙。

苹果肉桂奶油酱

用途：涂抹面包、松饼、贝果等。

材料

黄油1/4块、苹果1个、糖粉50克、肉桂粉1小
匙、柠檬1/2个（取汁）、白兰地1小匙

做法

1. 将黄油放在室温中软化备用。
2. 苹果去皮切丁，和糖粉、肉桂粉、柠檬汁、
   白兰地，以及做法1的材料混合拌匀即可。

水果奶油酱

用途：搭配法国面包或贝果。

材料

黄油1/4块、蔓越莓干2大匙、乌梅浓缩原汁2
大匙、果糖2大匙

做法

1. 将黄油放在室温中软化备用。
2. 将蔓越莓干、乌梅浓缩原汁、果糖和做法1的
   材料混合拌匀即可。

西式酱料篇·抹酱

蛋黄乳酪酱

用途： 涂抹面包或贝果。

材料

奶油乳酪125克、煮熟的蛋黄2个、蒜末1大匙、味醂1大匙、盐适量、胡椒粉适量

做法

1. 将2个蛋黄用网筛边压边滤至细碎备用。
2. 把其余所有材料一起混合搅拌均匀即可。

金枪鱼乳酪抹酱

用途： 涂抹面包或制作三明治。

材料

奶油乳酪125克、水煮金枪鱼1/2罐、洋葱末1大匙、盐适量、胡椒粉适量

做法

1. 将水煮金枪鱼沥干后，切碎备用。
2. 把其余所有材料一起混合搅拌均匀即可。

火腿酸奶乳酪酱

用途： 涂抹面包或制作三明治。

材料

奶油乳酪125克、三明治火腿2片、原味酸奶50克、盐适量、胡椒粉适量

做法

1. 将三明治火腿切成细丁备用。
2. 把其余所有材料一起混合搅拌均匀即可。

小黄瓜蛋黄酱

用途：用于涂抹面包或淋于热狗中。

材料

蛋黄酱200克、小黄瓜1根、鲣鱼香松5克

做法

1. 将小黄瓜洗净，切成细丁备用。
2. 把其余所有材料一起混合搅拌均匀即可。

注：蛋黄酱做法见P130。

欧芹蛋黄酱

用途：涂抹面包或蘸小点心。

材料

蛋黄酱200克、三明治火腿2片、欧芹末1大匙、黑胡椒粉1小匙

做法

1. 将三明治火腿片切成细丁备用。
2. 把其余所有材料一起混合搅拌均匀即可。

注：蛋黄酱做法见P130。

酸奶西红柿蛋黄酱

用途：涂抹面包或蘸小点心。

材料

蛋黄酱200克、原味酸奶100克、西红柿1个

做法

1. 将西红柿切细丁备用。
2. 把其余所有材料一起混合搅拌均匀即可。

注：蛋黄酱做法见P130。

蘸淋酱

红酒洋梨调味汁

用途：烹调水果料理。

材料
红酒430毫升、柳橙1个、柠檬1个、白砂糖120克

做法
1. 柳橙、柠檬洗净，取皮切细丝，果肉挤汁备用。
2. 取锅倒入红酒，加入做法1的材料与砂糖，加盖用小火慢炖20分钟，滤出调味汁即可。

示范料理 **红酒洋梨**

材料
西洋梨4个、红酒洋梨调味汁适量

做法
1. 西洋梨洗净削皮，保留蒂，从底部挖除核。
2. 西洋梨放入锅中，加入红酒洋梨调味汁以小火慢炖至软熟，煮好后浸泡3小时以上，使之更入味。
3. 将梨捞出摆盘，锅中用大火煮至汤汁收干一半，淋在梨上即可。

示范料理 **百香果炸墨鱼**

百香果炸墨鱼酱

用途：搭配海鲜料理。

材料
百香果1个、蛋黄酱100克、牛奶150毫升

做法
百香果取果肉，放入热锅中，与牛奶、蛋黄酱以中火拌炒一下即可。

注：蛋黄酱做法见P130。

材料
墨鱼450克、白葡萄酒1小匙、玉米粉3大匙、盐1/2小匙、黑胡椒粗粉适量、百香果炸墨鱼酱适量

做法
1. 墨鱼洗净，切成圈状，加入盐和黑胡椒粗粉、白葡萄酒腌渍20分钟，蘸上玉米粉，放入油锅中炸至金黄色。
2. 将炸好的墨鱼放入百香果炸墨鱼酱中略炒拌均匀即可。

奶酪汁

用途：除了蘸面包棒或法式香蒜面包，也可作为白酱使用或烹调焗烤料理。

材料

鱼高汤200毫升、黄油10克、牛奶200毫升、奶酪碎1大匙、面粉20克、白砂糖适量、盐适量、黑胡椒粗粉适量

做法

黄油煮至融化，加面粉炒至金黄色，熄火后慢慢加入牛奶搅拌至浓稠，倒入鱼高汤煮滚，加入奶酪碎及其他材料调味即可。

注：1.面粉炒好后熄火再加牛奶，以避免结颗粒。
　　2.鱼高汤做法见P129。

示范料理 **奶酪汁焗虾仁**

材料

虾仁12个、黄油20克、干葱头1小匙、盐适量、白胡椒粉适量、奶酪汁适量

做法

1. 虾仁洗净，用滚水烫一下捞起，加盐、白胡椒粉调味，装盘。
2. 用黄油略炒干葱头后，淋在做法1的材料上。
3. 放入烤箱以上火200℃、下火180℃焗烤15~20分钟，烤至表皮金黄色即可。

注：焗烤时底盘最好放适量水，有隔水加热的作用。

西式酱料篇·蘸沐酱

南瓜酱

用途：用作点心蘸酱或油炸食物蘸酱均可。

材料

南瓜2杯、高汤1杯、牛奶1杯、盐适量、白胡椒粉适量、面粉1大匙、黄油1大匙、洋葱2大匙

做法

1. 南瓜洗净，去皮去籽、切块，加高汤煮沸后转中火，继续加牛奶煮至熟透，备用。
2. 黄油加热至融解，放入洋葱爆香，转小火，再倒入面粉略炒盛起，放入南瓜汤汁中继续煮（若汁不够可加适量牛奶或高汤）。
3. 煮至浓稠后加入盐及白胡椒粉，盛起倒入果汁机搅匀即可。

什锦奶油坚果酱

用途：蘸面包、土豆片或饼干，也可以作为面包抹酱。

材料

黄油300克、白葡萄酒2大匙、杏仁50克、核桃仁50克、腰果仁50克、欧芹碎1大匙、百里香1小匙、盐1小匙、黑胡椒粗粉1小匙

做法

1. 杏仁、核桃仁、腰果仁放入烤箱以160℃烤出香味，取出冷却后，放入料理机打碎。
2. 将软化的黄油、盐、黑胡椒粗粉、百里香、欧芹碎、白葡萄酒与做法1的材料混合拌匀即可。

意大利式甜菜酱

用途：蘸面包、土豆片或饼干，也可以作为面包抹酱和意大利面酱汁。

材料

鸡高汤750毫升、酱油1大匙、南瓜240克、甜菜240克、洋葱1个、蒜头4瓣、百里香1小匙、迷迭香1小匙、罗勒1大匙、玉米粉2小匙、盐1/3小匙

做法

1. 南瓜、甜菜、洋葱切丁；蒜头切碎；玉米粉先用适量水调开，备用。
2. 将所有材料(玉米粉水除外)放入热锅中煮约60分钟，至蔬菜熟软后，将所有材料倒入果汁机中打碎，再倒入锅中煮开，最后加入玉米粉水勾芡即可。

注：鸡高汤做法见P129。

芥末酱汁

用途：蘸各种蔬菜棒、饼干、脆棒或做沙拉。

材料

牛高汤300毫升、淡奶油250毫升、法式芥末酱2大匙、白砂糖1.5小匙、盐1.5小匙、黑胡椒粗粉1.5小匙

做法

将牛高汤、淡奶油倒入锅中，以小火微煮至浓稠后熄火，接着加入法式芥末酱拌匀，以白砂糖、盐、黑胡椒粗粉调味即可。

注：牛高汤做法见P129。

蜂蜜芥末酱

用途：除了作为沙拉酱，也可以蘸面包。

材料

橄榄油2大匙、法式芥末酱350克、芝麻酱60克、柠檬1/2个（取汁）、蜂蜜120克

做法

将上述全部材料混合拌匀即可。

辣酱汁

用途：拌意大利面，亦可作为排餐类料理的酱汁。

材料

鱼高汤200毫升、西红柿块260克、玉米粉1小匙、匈牙利红椒粉1小匙、辣椒粉2小匙、咖喱粉1小匙、白砂糖适量、盐适量、黑胡椒粗粉适量

做法

锅中放入鱼高汤和西红柿块煮开，加入辣椒粉、咖喱粉、匈牙利红椒粉略煮后，加入适量调开的玉米粉水勾芡，再以白砂糖、盐、黑胡椒粗粉调味即可。

注：鱼高汤做法见P129。

日韩东南亚酱料篇

日韩东南亚酱料的基本材料

胡椒粉和胡椒粒都可以直接用来调制酱料。黏稠的酱料如果加入颗粒较粗的胡椒粒，尝起来就会有特殊的口感。水分较多的酱料如果要加胡椒粉的话，最好加颗粒很细的胡椒粉末，因为粉末可以完全溶解，让胡椒的味道被激发得更彻底。如果加的是颗粒较粗的胡椒粒，则胡椒粒容易沉淀在底部，造成浪费。

咖喱是用多种香料调制成的特殊调味料，用途广泛，可以夹面包，做烩饭、烩菜的淋酱或者调入酱料中以增加酱料的香味。咖喱的种类繁多，香味也各有不同，口味上可分为辣和不辣两种，可依个人口味选择。形态上则可分为咖喱粉和咖喱块两种。不管是哪一种咖喱，都需要经过长时间拌炒才能使它的香味完全挥发出来。用咖喱粉配置酱料时，直接加入搅拌并不能增加太多香味，最好是先将咖喱粉炒香了再拌入酱料，或者是把整个酱料先煮开，一边用小火加热，一边加入咖喱粉至香味溢出为止。

花椒粉、山椒粉适用于多种酱料。花椒是一种香味特殊的辣味调味料，通常是整粒使用，也可以磨成粉。在使用前用温火炒过，会特别香。制作酱料时，花椒粉可以直接拌入酱料，如果是使用花椒粒，可以直接泡到酱料里，或是加水先熬成汁再过滤使用。选购花椒时，以颗粒大、外皮紫红，有一点光泽者为佳。山椒其实就是山葵，也就是芥末的原料，味道和芥末差不多。通常山椒会切成片，像辣椒一样使用。磨成粉之后，可以直接撒在食物上，或者拌湿当辣酱使用，也可以和其他酱料调在一起使用。

香草粉并不是只有在做甜点的时候才会用到，其实在许多浓稠的沙拉酱里都可以加入适量香草粉，会让沙拉多一份香草的香味。另外，许多需要加鲜奶油的西式酱料，也可以加入微量的香草粉，让人吃出完全不同的感觉。到哪里可以买到香草粉呢？除了一般的西点材料店和大型超市，在传统市场的杂货店，也可以买到香草粉或是香草片。香草片买回来之后用汤匙辗碎，就是香草粉了。

椰子粉通常在烘焙食物的时候用得比较多，在制作中式甜点的时候也使用较多。椰子粉也可以拿来调味，这样制作出来的菜肴或酱料颇有东南亚风味。市面上卖的椰子粉有甜的和不甜的两种，不甜的椰子粉在味道的控制上比较容易，也相对便宜。另外，椰子粉还有粗细之分，如果不是要刻意强调酱料粗糙的口感，用最细的就可以了。由于椰子粉会沉淀，所以比较适合浓稠的酱料，这样椰子粉既不会沉到最下面，也可以减少椰子颗粒的粗糙感，吃起来比较顺口。

白萝卜、洋葱
等根茎类蔬菜在西式或日式酱料中经常被用到，将它们磨成泥，加入酱料中可以增进口感。白萝卜泥和洋葱碎末这一类根茎蔬菜碎有很好的吸水性，放入酱料中可以很好地吸取酱汁。以天妇罗蘸酱为例，当炸天妇罗放入酱汁里，天妇罗的表面会沾满白萝卜泥和厚厚的酱汁，吃起来有白萝卜泥的清新口感，也有酱料的鲜味。但是有一点要特别注意，因为白萝卜泥容易生水，所以做好后最好把白萝卜泥放在一旁，等要吃的时候再将其放入酱汁中拌匀，以免白萝卜泥将酱汁稀释，影响口感。

蛋
的浓稠性是做沙拉的优良辅助，所以挑选新鲜、浓稠性高的蛋，是调制沙拉的首要任务。利用蛋调制的酱料，新鲜度很重要。最好不要一次做太多，现吃现做比较好。

蛋的新鲜与否很容易判断，当蛋打开来，蛋黄坚挺，形状完整，同时蛋清呈现透明的浓稠状，就表示这个蛋是新鲜的。如果发觉蛋清呈稀释的水状，同时蛋黄很容易破裂，就表示这个蛋已经放了有一段时间了。不新鲜的蛋做煎蛋或煮蛋比较安全，拿来制作酱料则不太安全，同时也会影响酱料的口感。

不过要特别注意的是，蛋内富含胆固醇，所以拿来制作酱料的时候要留意，不要在不知不觉中摄入过多的胆固醇。

豆豉
的用途广泛，一般用来炒菜、炒肉丝、炒豆腐、清蒸鱼等。豆豉的风味独特、味道甘甜，使用时最好不要和其他味道太重的香料合用，以免互相干扰。用在酱料中调味时，最好要经过熬煮，这样豆豉的美味才能完全融入酱料之中。做饭常用的豆豉，通常

是便利商店卖的罐装豆豉，或传统食品店称斤卖的豆豉。这两种都是经过调味的，严格来说应该称作荫豉，因为这和中药店的淡豆豉不太一样。不同品牌的荫豉味道多少有点不同，可以依个人喜好选用。

虾米
能为酱料增加一种海产的鲜味。虾米因为经过晒干处理，所以在使用前要先浸泡开来，同时要用热油爆过，才能把味道爆出来。因此只有在有油的酱料中，我们才会使用虾米，否则虾米的香味和酥脆口感就出不来。

味噌
在日式料理中是很重要的调味材料。因为制作材料不同，味噌分为豆类味噌、米类味噌和麦类味噌三大类。在口味方面，还分为甜味、淡味、辣味等。在日本，因为各家制作秘诀的不同，味噌现已发展出上百种不同口味，可见味噌真是日本人的魔力食材。如果你曾利用味噌来调制酱料的话，你就会惊讶于味噌的方便、实用。加一点糖、番茄酱和姜泥，就可以做出一份好吃的烫墨鱼鱿鱼蘸酱。味噌酱料大多用于鱼类调味，所以有海鲜料理的话，不要忘了使用味噌，同时也不要忘了加糖或蜂蜜，因为甜味可以引出味噌的香味。

芥末酱
是日本料理中常见的调味料，以山葵为原料制作而成。现在大部分的芥末都不是天然山葵制成的。芥末因为一次的用量不大，所以通常都用软管包装，需要的时候，挤压一点出来即可。如果不是软管包装，可以加一点米酒稍微拌湿，避免干掉，会比较容易保存。芥末的使用范围其实比我们想象中更广，

除了蘸生鱼片、拌凉面、配关东煮，包括沙拉酱在内的一些酱料，其实都可以加一些芥末进去，它是很多厨师都喜欢的一种调味料。

黄芥末酱的口感偏柔和，没有绿芥末酱那么强烈的刺激性气味和味觉感受，相对更清爽一些，但也能刺激味蕾，增进食欲。黄芥末酱大部分人都能接受，适宜搭配肉类、海鲜、鸡蛋等。黄芥末酱可以加入蜂蜜、沙拉酱调制成口感更为柔和的砂糖芥末酱，或加入橄榄油、葡萄酒调制成微酸的法式芥末酱。

青蒜通常和香肠或乌鱼子配着吃。为什么吃香肠和乌鱼子要配青蒜呢？因为我们吃一些比较油腻或味道比较重的食物时，味觉很容易疲乏，这时候需要配青蒜一起嚼，因为青蒜有刺激味蕾的效果，两种味道交替，味觉才不会疲乏，也更能品尝出食物的美味。其实青蒜在酱料的使用上并不广泛，通常是味道较重的食材的蘸酱才用得到。购买青蒜时，如果根部粗大，表示青蒜已经快要变成蒜头了，品质比较差，应

该选根部比较小的，比较鲜嫩好吃。

米酒是一种低度酒，口味香甜醇美，能刺激消化腺的分泌，增进食欲。米酒能同肉中的脂肪起酯化反应，生成芳香物质，有去腥、去膻及增味的功能，因此腌制或烹调肉类料理时通常都会用到米酒。用米酒煮荷包蛋或加入部分红糖，是产妇和老年人的滋补佳品。调制酱料时加入一点米酒，也有提味增香的作用。

辣椒酱是红辣椒磨碎之后制成的酱，具有色红、咸鲜略酸、鲜辣醇厚等特点，多用于鱼肉、猪肉、鸡肉、虾等肉类的烹饪调味中，可去腥增香、开胃增食，并能增加菜肴色泽，常用于酸辣口感的菜肴中。由于各地制作配方的不同，因而产生了不同风味的辣椒酱。泰式甜辣酱通常带有蒜香和水果香味，而韩式辣椒酱则口感偏甜一些。无论是在东亚还是东南亚国家，辣椒酱都是一种深受人们喜爱的酱料。

日式酱料基础高汤制作

柴鱼高汤

●材料
水1000毫升、海带10厘米、柴鱼片30克

●做法：
1. 将海带表面的灰尘用拧干的湿纱布拭净。海带上附着的白粉勿擦掉，其为海带鲜美味道的来源。
2. 锅中注入1000毫升水，将海带在水中浸泡30分钟以上，再用中火慢慢煮至快要沸腾之前将海带取出，转小火，加入柴鱼片煮约30秒，捞除浮沫，静置1~2分钟，让柴鱼片自然沉入锅底。
3. 在滤网上铺放纱布，将高汤过滤，即为柴鱼高汤。

鲜鱼鱼杂高汤

●材料
水2000毫升、海带20厘米、鱼杂500克

●做法：
1. 将鱼杂切块，撒上盐，放置30分钟后洗净，放入烤箱烤除多余水分，至呈现焦黄色。
2. 锅中放入水、海带与鱼杂，用大火煮，沸腾前将海带取出，转小火煮25分钟左右，捞除浮沫。
3. 将煮好的高汤用纱布过滤即可。

鸡骨蔬菜高汤

●材料
水3000毫升、鸡骨500克、海带20厘米、洋葱1个、胡萝卜1根、圆白菜半棵、姜适量、葱适量

●做法：
鸡骨放入滚水中汆烫后，用水冲洗干净，与其他材料一起放入锅中煮开后，取出海带，转小火，其间捞除浮沫，煮约60分钟后，待汤汁剩2/3的量时，用纱布过滤即可。

凉拌酱

紫苏风味沙拉酱汁

用途：可作为沙拉或冷面淋汁。

材料
A. 土佐醋150毫升、色拉油50毫升、黄芥末籽酱10克
B. 青紫苏2片、圣女果2个

做法
1. 青紫苏洗净切丝，圣女果洗净切小丁备用。
2. 材料A调和均匀后，加入到做法1的材料中拌匀即可。
注：土佐醋做法见P185。

和风沙拉酱汁

用途：可作为一般沙拉的淋酱。

材料
橙醋200毫升、色拉油50毫升、醋25毫升、黄芥末粉1大匙、胡椒粉1小匙、苹果1/2个、洋葱1/4个、盐3/4小匙、细砂糖3/4大匙

做法
1. 苹果洗净，去皮、去籽，磨成泥取果汁；洋葱洗净磨成泥取汁液。
2. 将做法1的材料与其余材料混合拌匀即可。

芥末籽沙拉酱汁

用途：可作为一般沙拉的淋酱。

材料
柴鱼高汤50毫升、酱油60毫升、油醋200毫升、味酥40毫升、芥末籽酱10克、苹果1/2个、柠檬汁15毫升

做法
将苹果洗净去皮、去籽，磨成泥，过滤取汁后，与其余材料混合拌匀即可。
注：油醋做法见P185，柴鱼高汤做法见P183。

土佐醋

用途：土佐醋是调制各种醋物的基底，可做醋拌或凉拌料理，因添加了柴鱼的鲜味，醋汁更加柔和。

材料

A. 柴鱼高汤60毫升、淡口酱油60毫升、醋100毫升、味醂40毫升、白砂糖20克
B. 柴鱼片10克

做法

将材料A煮开后，加入柴鱼片煮一会儿熄火，待柴鱼片沉入锅底过滤即可。

注：柴鱼高汤做法见P183。

油醋

用途：可作为调配沙拉的基本酱汁。

材料

醋100毫升、色拉油90毫升、胡椒适量、细砂糖1/2大匙、盐1/2小匙

做法

将上述所有材料混合拌匀即可。

醋味噌

用途：各式凉拌或制作其他醋物的拌酱。

材料

醋1.5小匙、白味噌50克、黄芥末酱1小匙、芝麻酱30克、蛋黄1个、紫苏梅肉1小匙、细砂糖1大匙

做法

将上述所有材料混合，用隔水加热的方式搅拌至光滑细腻即可。

芝麻醋酱

用途：凉拌青菜或作为一般淋酱皆可。

材料
玉味噌酱30克、土佐醋30毫升、熟芝麻15克

做法
将熟芝麻研磨成碎粒，加入玉味噌酱搅拌后，慢慢加入土佐醋混拌均匀。

注：玉味噌酱做法见P208，土佐醋做法见P185。

生姜醋

用途：可蘸食蟹类，亦可淋于蟹肉上作为凉拌淋酱。如不加姜泥，还可作为醋拌章鱼的淋酱。

材料
A. 高汤100毫升、酱油16毫升、醋33毫升、米酒33毫升、味醂33毫升
B. 柴鱼片10克
C. 姜泥适量

做法
将材料A煮开后加入柴鱼片，熄火过滤，冷却后加入姜泥即可。

甘醋汁

用途：用于根茎为主的蔬菜上，亦可用于口味清淡的鱼贝类上。

材料
柴鱼高汤100毫升、淡口酱油1小匙、醋1.5大匙、盐适量、白砂糖1大匙

做法
将上述所有材料放入锅中煮开后，立即熄火，放凉即可。

注：柴鱼高汤做法见P183。

寿司姜甘醋汁

用途：可做寿司姜。

材料

水100毫升、醋65毫升、盐适量、砂糖50克

做法

将上述所有材料放入锅中，以中火煮至糖溶化后，放凉即可。

注：寿司姜做法是先将150克的嫩姜切斜片，氽烫去涩，漂水沥干后，装入容器中，注入甘醋汁浸泡30分钟以上即可食用。

醋冻

用途：可淋于醋物或蛤蜊、涮牛肉橙醋冻沙拉上。

材料

橙醋100毫升、柴鱼高汤20毫升、苹果汁20毫升、吉利丁片4克

做法

1. 将吉利丁片放入冰水中泡软，沥干水分，再隔水加热，使吉利丁片融化。
2. 将橙醋、柴鱼高汤、苹果汁混合煮开，加入做法1的材料拌匀，放入冰箱冷藏，待完全凝固后即可取出使用。

注：柴鱼高汤做法见P183。

三杯醋

用途：用于鱼贝类、蔬菜类等醋物上。

材料

柴鱼高汤50毫升、淡口酱油18毫升、醋18毫升、味酥18毫升

做法

将上述所有材料放入锅中煮开后，立即熄火，放凉即可。

注：柴鱼高汤做法见P183。

蛋黄醋

用途：用作口味清淡的鱼贝、虾类、蔬菜等的淋酱、拌酱。

材料

蛋黄60克、醋30毫升、盐适量、白砂糖30克

做法

将上述所有材料混合，用隔水加热的方式搅拌至水分收干呈浓稠，用细筛网过滤，使之更细密即可。

梅肉蛋黄醋

用途：可用来蘸涮肉片或制作凉拌小菜。

材料

蛋黄醋100克、梅肉酱10克

做法

在蛋黄醋里加入梅肉酱混合拌匀即可。

山药泥酱

用途：日式口味的凉拌酱汁，也可以作为荞麦凉面酱汁。

材料

山药1根、柴鱼高汤140毫升、糖20克、酱油20毫升、味醂20毫升、苹果醋60毫升

做法

1. 山药磨成泥备用。
2. 将做法1材料与其余所有材料一起混合拌匀即可。

注：柴鱼高汤做法见P183。

柚香酱油沙拉酱汁

用途：可作为沙拉的淋酱。

材料
A. 橙醋100毫升、色拉油50毫升、柠檬汁适量
B. 柚子粉1/2小匙

做法
将材料A混合拌匀，再撒上柚子粉即可。

柳橙沙拉酱汁

用途：搭配什锦海鲜沙拉或一般生菜沙拉。

材料
柳橙原汁50毫升、酱油1小匙、色拉油30毫升、梅肉酱10克、柠檬汁适量

做法
将上述所有材料混合拌匀即可。

辣椰汁沙拉酱

用途：制作东南亚风味的生菜沙拉，或作为油炸物的蘸酱。

材料
椰子粉1大匙、辣椒粉1/3大匙、白胡椒粉1小匙、蛋黄酱3大匙、姜末1/3大匙、盐适量、果糖1/2大匙

做法
将上述所有材料混合拌匀即可。

芝麻辣味淋酱

用途：可作为凉拌淋酱，如凉拌汆烫过的蔬菜，也可用于烤茄子或拌面等。

材料

柴鱼高汤50毫升、酱油1大匙、味醂1大匙、辣椒酱1大匙、芝麻酱30克、味噌1.5小匙、细砂糖1小匙

做法

1. 辣椒酱用筛网过滤，取汁液。
2. 芝麻酱与味噌搅拌均匀，再将做法1的材料与其余调味料慢慢加入，混合搅拌均匀即可。

注：柴鱼高汤做法见P183。

和风芝麻沙拉酱

用途：凉拌沙拉，或蘸生菜。

材料

芝麻酱1小匙、开水2大匙、白砂糖1.5大匙、酱油1大匙、柠檬汁1大匙

做法

先将芝麻酱加入开水中一起搅拌，再加入其余的材料拌匀即可。

凉拌牛肉淋酱

用途：作为生牛肉、涮牛肉或生菜的凉拌酱。

材料

A. 鱼露1.5大匙、甜鸡酱1大匙、椰子糖2大匙、柠檬汁2大匙
B. 红辣椒1个、红葱头1个、葱适量、罗勒适量

做法

将材料B全部洗净切成细末，与材料A混合拌匀即可。

泰式沙拉酱

用途：用于凉拌粉丝或沙拉。

材料
A. 色拉油2大匙、醋2大匙
B. 辣椒酱1/2大匙、鱼露3大匙、果糖2大匙、柠檬汁1小匙

做法
将上述所有材料调和均匀即可。

凉拌青木瓜丝酱汁

用途：用于凉拌青木瓜，也可凉拌水果或水煮蔬菜。

材料
A. 虾米2大匙、红辣椒1个、蒜头2瓣
B. 虾酱1小匙、鱼露4大匙、椰子糖1大匙、柠檬汁3大匙

做法
将材料A切碎，与材料B混合拌匀成酱汁即可。

泰式凉拌酱汁

用途：用作海鲜烫熟后的凉拌酱汁。

材料
A. 红辣椒末1大匙、蒜头末1大匙、薄荷叶末1大匙
B. 醋100毫升、鱼露1.5大匙、果糖1大匙、柠檬汁1大匙

做法
将材料B混合拌匀，加入材料A拌匀即可。

加减醋

用途：做醋拌蔬菜。

材料

柴鱼高汤50毫升、淡口酱油15毫升、醋20毫升、味醂20克

做法

将上述所有材料混合煮开后，立即熄火，待冷却即可。

注：柴鱼高汤做法见P183。

示范料理 **醋汁淋鳗香**

材料

蒲烧鳗1/2条、小黄瓜1根、干燥海带芽6克、姜丝适量、白芝麻适量、加减醋适量、盐适量

做法

1. 将蒲烧鳗放入烤箱以180℃烤至焦酥，取出后切成4厘米长的条；海带芽泡入水中使其膨胀后，充分沥干备用。

2. 小黄瓜去头、尾，用盐搓洗后，用水冲去盐分，放入滚水中汆烫至翠绿，泡入冰水中，捞起对切，掏除籽粒，再切成薄片，在1%的盐水中泡5～10分钟，充分扭干水分。

3. 取一小碟，将干燥海带芽、小黄瓜薄片、蒲烧鳗摆上，撒上白芝麻，放入姜丝，淋上加减醋即可。

治部煮煮汁

用途：做治部煮料理。

材料

柴鱼高汤100毫升、酱油25毫升、米酒50毫升、白砂糖15克

做法

将上述所有材料混合煮至糖溶化即可。

注：1. 柴鱼高汤做法见P183。
2. 治部煮为日本石川县金泽市的代表乡土料理。其烹调方式是将鸡或鸭肉涂上薄薄的淀粉，再与煮开的煮汁一同氽煮，并搭配蔬菜一起煮熟。

佃煮煮汁

用途：做各种佃煮料理。

材料

柴鱼高汤100毫升、酱油50毫升、米酒50毫升、味醂50毫升、白砂糖40克

做法

将上述所有材料混合拌匀即可。

注：1. 柴鱼高汤做法见P183。
2. 佃煮是将小鱼和贝类的肉、海藻等原料中加入酱油、调味酱、糖等用小火做成类似酥鱼的小食品。这道料理发源于日本江户前水产的据点之一的佃岛(现东京都中央区)，因此而得名。

示范料理 **小鱼佃煮**

材料
银鱼150克、山椒粉适量、佃煮煮汁适量

做法
1. 将银鱼氽烫，去除多余盐分与腥味后，沥干水分备用。
2. 将银鱼放入佃煮煮汁中，盖上锡箔纸盖，用小火煮至收汁后熄火，撒上山椒粉，略为搅拌即可。

香菇煮汁

用途：制作寿司。

材料
柴鱼高汤200毫升、酱油30毫升、味醂30毫升、白砂糖25克

做法
将上述所有材料混合拌匀即可。
注：柴鱼高汤做法见P183。

稻荷煮汁

用途：制作寿司。

材料
柴鱼高汤400毫升、酱油75毫升、白砂糖75克

做法
将上述所有材料混合拌匀即可。
注：柴鱼高汤做法见P183。

干瓢煮汁

用途：既可单独食用，也可用来制作干瓢细卷，或用在散寿司中。

材料
柴鱼高汤500毫升、酱油40毫升、米酒30毫升、味醂40毫升、白砂糖30克

做法
将上述所有材料混合拌匀即可。

注：1. 柴鱼高汤做法见P183。
2. 干瓢处理方法：取适量干瓢沾湿后用大量盐搓洗干净，再用清水冲去盐分并泡入水中直至膨胀，最后取出并沥干水分即可。

萝卜泥煮汁

用途：适合淋于炸酥的食材上，使香酥料理吃
　　　起来清爽不油腻，且增加湿润感。

材料
A. 柴鱼高汤300毫升、酱油1大匙、味醂1大匙
B. 萝卜泥100克

做法
先将萝卜泥沥干备用，然后将材料A放入锅中
煮开后，再加入萝卜泥煮开即可。

注：柴鱼高汤做法见P183。

胡萝卜煮汁

用途：作为卷寿司的材料之一。

材料
柴鱼高汤300毫升、酱油10毫升、味醂23毫
升、白砂糖23克

做法
将上述所有材料混合拌匀即可。

注：柴鱼高汤做法见P183。

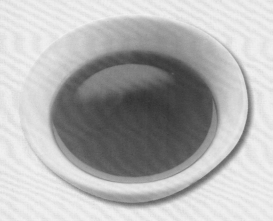

筑前煮煮汁

用途：做筑前煮料理。

材料
柴鱼高汤200毫升、酱油37毫升、米酒10毫
升、白砂糖17克

做法
将所有材料混合，煮至白砂糖溶化即可。

注：1. 柴鱼高汤做法见P183。
　　2. 筑前煮是将鸡肉切块，与根茎蔬菜充
　　　分炒匀后，与煮汁一起卤煮的料理，为日
　　　本福冈县的乡土料理。

姜汁烧酱汁

用途：可用在猪肉上，也可用在鸡肉上。

材料

A. 酱油50毫升、味醂40毫升、米酒18毫升、白砂糖10克
B. 姜泥适量

做法

将材料A煮开后，加入适量姜泥拌匀即可。

注：将猪肉片或鸡肉片煎至7～8分熟后，淋入酱汁煮熟即可。

土豆炖牛肉煮汁

用途：做炖煮肉类蔬菜料理，如土豆炖牛肉。

材料

柴鱼高汤400毫升、酱油90毫升、米酒45毫升、味醂15毫升、白砂糖25克

做法

将上述所有材料混合，煮开至白砂糖溶化即可。

注：柴鱼高汤做法见P183。

红烧鱼煮汁

用途：适合煮白肉鱼，如鲷鱼、石斑鱼、海鲡等头、下巴、中骨等部位的料理。

材料

水140毫升、酱油60毫升、米酒90毫升、味醂30毫升、白砂糖15克

做法

将上述所有材料混合，煮至白砂糖溶化即可。

鲜鱼蒸汁

用途：适合料理无腥味的鱼，蒸鱼前淋在鱼上即可。

材料
鲜鱼鱼杂高汤300毫升、米酒60毫升、盐适量

做法
将上述所有材料调和煮开即可。

注：1. 鲜鱼鱼杂高汤做法见P183。
2. 使用这道酱料前，应先挑选新鲜无腥味的鱼，再将处理好的鱼放入盘中，鱼身下面铺一片海带，淋入蒸汁蒸熟后，蘸取橙醋即可。

味噌鱼煮汁

用途：适合料理腥味较重的鱼，如青花鱼、沙丁鱼等。

材料
柴鱼高汤200毫升、酱油适量、米酒50毫升、味噌75克、白砂糖45克

做法
将上述所有材料混合拌匀即可。

注：1. 柴鱼高汤做法见P183。

材料
青花鱼1条、姜1小块、姜丝适量、西蓝花适量、味噌鱼煮汁适量

做法
1. 青花鱼去骨切片，中间用刀划切十字，再用沸水冲烫使肉质紧缩；姜洗净去皮切薄片备用。
2. 锅中放入味噌鱼煮汁，接着放进姜片及鱼肉片，盖上纸盖用小火煮约10分钟。
3. 将煮好的鱼肉片盛入大碗中，淋入锅中剩余的味噌鱼煮汁，再用姜丝及氽烫熟的西蓝花装饰即可。

示范料理 **青花鱼味噌煮**

亲子丼煮汁

用途：做日式亲子丼饭。

材料

柴鱼高汤100毫升、酱油25毫升、米酒20毫升、味酥25毫升

做法

将上述所有材料混合煮开即可。

注：1. 柴鱼高汤做法见P183。
　　2. 亲子丼的做法与猪排盖饭一样，只是亲子丼使用鸡肉和鸡蛋，所以取名亲子。亲子丼煮汁配方中加入酒，可使口感更清爽，鸡肉的美味更能释出。

牛丼煮汁

用途：做日式牛丼饭。

材料

柴鱼高汤（或水）100毫升、酱油30毫升、米酒30毫升、味酥30毫升、白砂糖10克

做法

将米酒与味酥烧除酒精，再加入其余材料煮开即可。

注：1. 柴鱼高汤做法见P183。
　　2. 用此酱料做料理时，煮汁里除了放薄片牛肉外，还可加入魔芋、豆腐、洋葱等材料。

示范料理 **牛丼饭**

材料
牛五花薄片120克、洋葱1/2个、红姜片适量、米饭适量、牛丼煮汁适量

做法
1. 将洋葱洗净切成细条备用。
2. 将牛五花薄片不重叠地放入煮汁中，以小火煮并捞除浮沫，再加入洋葱条煮约15分钟。
3. 碗中盛入适量米饭，先铺上煮好的洋葱条，再将牛五花薄片铺在洋葱条上，淋上适量牛丼煮汁，放上红姜片即可。

卤大肠煮汁

用途：作为味噌卤煮大肠的酱汁。

材料

柴鱼高汤（或水）300毫升、酱油35毫升、米酒50毫升、味醂50毫升、味噌25克、蒜2瓣、苹果1个

做法

将苹果洗净，去皮、去籽，磨成泥，与其余材料混合拌匀即可。

注：柴鱼高汤做法见P183。

猪排盖饭汁

用途：做日式猪排盖饭，还可以用于腌渍肉类或作为烩酱。

材料

柴鱼高汤100毫升、酱油20毫升、味醂30毫升

做法

将上述所有材料调和煮开即可。

注：柴鱼高汤做法见P183。

材料

日式炸猪排1块、洋葱1/2个、鸭儿芹适量、鸡蛋2个、海苔丝适量、猪排盖饭汁适量

做法

1. 洋葱切成细长条；鸭儿芹切成适当长度；鸡蛋均匀打散，备用。
2. 将洋葱条铺入丼饭专用锅，淋入猪排盖饭汁，开中火煮至洋葱柔软，再将猪排切成适当大小排入，至猪排吸收酱汁后，放入鸭儿芹，将蛋汁以画圆圈的方式淋入，待蛋汁呈半熟膨松柔软状后，移动锅身以免粘锅，将煮好的材料移至备好的米饭上，撒上海苔丝即可。

注：食用时，可蘸黄芥末酱。

示范料理 **猪排盖饭**

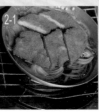

寿喜烧酱汁

用途：关东寿喜烧是事先将调味料调匀后，再淋入火锅食材中；而关西寿喜烧则是不加水，直接在锅中加入白砂糖、酱油、酒来调味。

材料

凉开水200毫升、酱油100毫升、米酒100毫升、味酥100毫升、白砂糖30克

做法

将上述所有材料混合煮至砂糖溶化即可。

示范料理 **寿喜烧**

材料

A. 牛肉薄片300克、牛蒡1/2条、洋葱1/2个、葱适量
B. 圆白菜1/4棵、葛切（日式粉条）20克、豆腐1/2块、魔芋丝适量、金针菇适量、鲜香菇2朵、花形胡萝卜3片、豌豆苗适量
C. 寿喜烧酱汁适量、牛油（或黄油）适量

做法

1. 牛蒡用刀背刮除表皮，纵向划上几道浅刀痕，再以削铅笔的方式削成牛蒡丝，泡入100毫升左右浓度3%的醋水中约15分钟以防变色，再洗净沥干备用。
2. 洋葱切成长条；葱洗净切段；豆腐用烤箱烤除多余的水分至上色；葛切先泡入水中，使之软化；金针菇和鲜香菇洗净切除蒂；豌豆苗洗净，备用。
3. 将魔芋丝放入沸水中煮3~4分钟去除石灰涩味，取出泡冷水，待凉后沥干备用。
4. 在寿喜烧专用锅中抹上牛油（或黄油）烧热，放入洋葱条、牛蒡丝及葱段炒香，倒入适量寿喜烧酱汁，再放入牛肉薄片，边煮边吃，并依个人喜好加入其余材料享用。

注：吃牛肉薄片时可蘸上打散的蛋汁，不但可使牛肉的口感更滑嫩，也能使肉片降温以免烫口。

关东煮汤底

用途：除了用来煮牡蛎，也可用于烹制猪肉、三文鱼或作为面类汤底。

材料

柴鱼高汤1000毫升、鸡骨蔬菜高汤500毫升、酱油1大匙、淡口酱油50毫升、米酒100毫升、味醂40毫升、细砂糖1大匙

做法

将米酒烧除酒精后，与其余材料混合煮开即可。

注：柴鱼高汤的做法见 P183；鸡骨蔬菜高汤做法见P183。

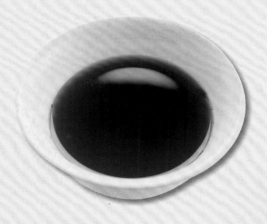

味噌锅汤底

用途：除了用于煮味噌火锅，还能拿来煮味噌汤或作为味噌拉面的汤底。

材料

A. 白味噌100克、红味噌100克、酱油1小匙、米酒30毫升、味醂40毫升、细砂糖1小匙
B. 柴鱼高汤适量

做法

1. 将材料A混合拌匀。
2. 将做法1的材料与柴鱼高汤调拌至比味噌汤稍浓稠即可。

注：柴鱼高汤做法见P183。

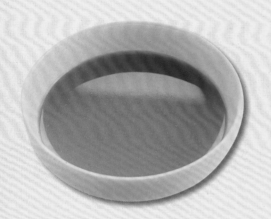

肉骨茶高汤

用途：可当汤食用，亦可作为面的汤底。

材料

小排骨450克、肉骨茶包1包、水1600毫升、酱油2大匙、色拉油适量、黄豆瓣酱1大匙、蒜头2瓣、白砂糖1大匙

做法

1. 将小排骨切块，洗净备用。
2. 色拉油放入锅中烧热，将蒜头、黄豆瓣酱、白砂糖炒香至糖溶化，放入做法1的排骨拌炒均匀，加入水、酱油、肉骨茶包熬煮至排骨柔软即可。

注：熬煮时，需要不时除去漂在汤面上的浮沫。

绿咖喱椰汁酱

用途：可加入鸡肉、牛肉、羊肉、虾作为主菜，拌饭也很适合。

材料
牛奶100毫升、椰浆100毫升、绿咖喱酱1大匙、柠檬叶3片、鱼露1小匙、细砂糖1小匙

做法
将上述所有材料混合调匀即可。

材料
鸡腿1只、色拉油1大匙、红辣椒丝适量、甜豆仁适量、罗勒适量、绿咖喱椰汁酱适量

做法
1. 鸡腿剔骨洗净，撒上盐放置10分钟，然后切块入滚水，汆烫后立即捞起，再用冷水冲洗，沥干水分；甜豆仁放入滚水中汆烫后捞起，泡入冷水中，取出备用。
2. 色拉油入锅烧热，以小火将绿咖喱椰汁酱炒开，加入鸡肉煮3～4分钟，起锅前加入甜豆仁、罗勒、红辣椒丝装饰即可。

示范料理 **绿咖喱椰汁鸡肉**

印尼风咖喱酱

用途：可用来煮印尼风咖喱或东南亚风味的生菜沙拉、油炸物蘸酱，也可以用作烤鸡翅酱料。

材料
A. 洋葱1/4个、姜1小块、蒜头2瓣
B. 花生酱2大匙、黄姜粉1/2小匙、咖喱粉2大匙、胡荽粉1/2小匙

做法
将材料A用料理机打碎后加入材料B，继续打至细致均匀即可。

柠檬鱼汁酱

用途：作为蒸鱼的淋酱。

材料

A. 红辣椒1个、青辣椒1个、蒜头2瓣、香菜根适量

B. 水（或高汤）2大匙、鱼露2大匙、果糖1大匙、柠檬汁3大匙

做法

将材料A切碎，与材料B拌匀即可。

材料
鲈鱼1条、柠檬鱼汁酱适量

做法
1. 鲈鱼去鱼鳞，从腹部剖开，去除腹部杂物以滚水略烫过整条鱼身，再以冷水冲洗干净。
2. 将鲈鱼放入盘中，以滚水大火蒸7分钟，倒出多余的水分，淋上柠檬鱼汁酱即可。

示范料理 **清蒸柠檬鲈鱼**

烧烤酱
烧烤好吃小技巧

★ 腌料和烤肉酱

烤肉的调味酱料，大致可以分为腌料和烤肉酱两部分。为了达到较好的调味效果，腌料不能太黏稠，以免味道不能进入肉的纤维中。至于烤肉酱，为了避免酱汁从烤肉的表面流失，必须调得浓稠一点，以增加附着力，而且浓稠的烤肉酱能够使烤肉更有烤的风味。

水嫩多汁的湿腌法最适合用来做烤肉片的前处理，利用水分较多的酱汁使味道渗透到肉的纤维中，腌渍出够味又鲜嫩多汁的口感。

烤肉时，除了要在烤的过程中为食材涂上不同口味的烤肉酱，通常还要将肉类先浸在腌汁中腌渍，这样烤起来才不会太干涩，吃起来更是美味。

★ 烤鱼的小技巧

烤鱼是烤肉中比较特殊的一种，和一般的烤肉相比，无论是火候或是烤的方式都不太一样。

火候方面，因鱼肉含有相当多的水分，表皮又特别薄，所以绝对不能用大火烤，否则皮一下子干掉了，鱼肉却根本没烤熟。所以如果是比较小的鱼，可以用中火烤，但大部分巴掌长以上的鱼，必须全程用小火来烤。

另外油脂太少的鱼不适宜烤。因为没有油的鱼，烤起来不香，而且容易烤干，鱼皮会带有很明显的苦味。如果一定要烤，最好先用铝箔纸包起来，并撒上一点盐，让水分快速蒸发的同时，可以润泽表皮，缩短烤熟的时间。

在烤的方式上，因为鱼皮容易粘在烤网上，所以最好隔空烧烤。将鱼串在叉子上，叉子和手动的转轴联结在一起，烤时鱼不会碰到烤网，只在离火一定距离的地方转动。如果没有这种烤炉，也可以用手拿着烤。

对于包铝箔纸的鱼来说，放在炭火上或烤箱里，味道并没有太大的差别，所以完全看个人喜好。如果是在家里烤，用烤箱就比较方便。

烤香鱼的特点是处理方便。因为香鱼并不需要开肠剖肚去除腹内杂物，几乎整条鱼都可以吃，所以特别适合器具和清洗工具都较少的野外烤肉。不过，越是不需要处理的鱼，烤的时候越要注意是否烤熟。切记以小火来烤，烤到鱼眼珠发白时就可以食用了。

烤蔬菜的注意事项

青椒

青椒是一种很常见的烧烤类蔬菜。用炭火烤时，注意火不能太旺，不然青椒的外皮很快就会焦掉，可以在烤网上垫一层铝箔纸，让热度均匀发散，以免青椒和烤网接触的地方迅速烤焦。只要青椒略微变软、内侧出水，就表示熟了。

菇菌类

鲜香菇与青椒都是易熟、水分多的蔬菜，都不能烤太久，所以香菇可以采用与青椒相似的烤法。另外常用到的就是奶油金针菇，一般来说不会直接烘烤，多是采用"盆烤"，就是把食材放在铝箔纸做成的盒子里加热，盒子里可以加入奶油或高汤，因为蔬菜没直接与火源接触，烤后的口感很像以小火炒出来的味道。

同理，各种菇菌类都可以用"盆烤"法，既容易吸收酱汁又熟得快，并且久煮不烂。

这种"盆烤"的方式也可以运用在四季豆、胡萝卜等食材上。盆烤要注意两点，第一是铝箔纸亮面朝上，面向食物，而且最好使用两层，以免不小心被烤肉夹刮破；第二是最好先在烤网上涂一层油，以免烧烤食物的酱汁粘住铝箔纸，导致烤好后拿取时烤盆破裂而造成汤汁流失。

茭白

选择没处理过、还连着外皮的茭白烤起来才好吃，连皮烤的目的是为了留住茭白原有的甘甜，若没有外皮包住，烤过后其水分与甘甜味都会流失。如果找不到有外皮的茭白，可以使用铝箔纸将其紧密包住，以确保汤汁不会流出来。茭白本身就很好吃，烧烤时只需要撒适量盐或奶油调味，增加香气及滑顺口感就好。

照烧酱汁

用途：可用来烤鱼、烤肉，
当食材烤至7~8分
熟时，分多次边淋边
烤，也可用于平底锅
制作的料理。

材料
酱油200毫升、米酒100毫
升、白砂糖100克

做法
将上述所有材料混合，用小
火熬煮至原量的2/3即可。

示范料理 **照烧鸡肉**

材料
去骨鸡腿1只、青金针花
适量、小黄椒1个、山椒
粉适量

调味料
照烧酱汁适量

做法
1. 将鸡腿肉洗净，撒上适量盐（材料外），静置10分钟，再用约
   100毫升浓度5%的酒水洗净后拭干水分，将肉厚处及筋部用刀
   划开，可使鸡肉较易煮熟，并防止鸡肉收缩。
2. 青金针花汆烫后沥干备用。
3. 热油锅，放入鸡腿肉(有皮的那一面朝下)，煎至7~8分熟，且
   双面皆呈焦黄色时，将小黄椒放入略煎后取出，再加入照烧酱
   汁煮至浓稠。
4. 将鸡腿肉取出，切成小块后盛盘，淋上锅中剩余的酱汁，放上
   青金针花及小黄椒，再将山椒粉均匀撒在鸡肉上即可。

蒲烧酱汁

用途：除了用作鳗鱼涂酱，也可用于烧烤沙丁鱼、秋刀鱼。

材料
酱油200毫升、米酒200毫升、味醂180毫升、白砂糖90克、水麦芽40克

做法
米酒烧除酒精后，与其余材料一起放入锅中，以大火煮开后转小火，煮约40分钟至浓稠即可。

材料
蒲烧鳗鱼1/2条、山椒粉适量

调味料
蒲烧酱汁325克

做法
1. 鳗鱼切成4等份，取2份用竹签小心串起，重复此动作至材料用毕，备用。
2. 热一烤架，放上鳗鱼串烧烤至两面皆略干。
3. 将鳗鱼串重复涂上蒲烧酱汁2~3次并烤至入味后，撒上山椒粉即可。

示范料理 **蒲烧鳗**

鸡肉串烤酱汁

用途：照烧酱的一种。可在酱汁中放入适量柠檬片或橙片等，在涂烤时可增添清爽的口感。

材料

酱油100毫升、米酒150毫升、白砂糖30克、水麦芽30克

做法

将米酒烧除酒精后，与其他材料一起放入锅中，以小火煮至浓稠即可。

玉味噌酱

用途：拌菜或烧烤。

材料

白味噌100克、酒30毫升、味醂20毫升、蛋黄40克、芝麻酱30克、白砂糖20克、柚子粉适量

做法

将上述所有材料（柚子粉除外）混合，以隔水加热的方式不时搅拌，直到味噌收水呈光滑稠细状为止，再加入柚子粉搅拌均匀增添香气即可。

牛油果玉味噌酱

用途：可用于鱼、茄子、豆腐、魔芋等的烧烤涂酱。

材料

玉味噌酱100克、牛油果70克、柠檬汁适量、奶酪粉适量

做法

将牛油果加入柠檬汁搅打成泥，与玉味噌酱拌匀，再加入奶酪粉拌均匀即可。

红玉味噌酱

用途：涂茄子、芋头、豆腐、魔芋等。

材料

红味噌100克、米酒35毫升、味酥30毫升、芝麻酱40克、蛋黄32克、白砂糖30克

做法

以隔水加热的方式，将所有上述材料混合搅拌至味噌收水呈光滑稠细状为止。

佑庵烧酱汁

用途：制作三文鱼、青甘鱼、鲳鱼、鳕鱼、鲷鱼等鱼类烧烤料理。

材料

酱油100毫升、米酒75毫升、味酥100毫升、柳橙2片、柠檬皮末适量

做法

将上述所有材料混合拌匀即可。

注：把鱼放进用了柚子的腌汁中浸泡，再做烧烤的料理，叫做"柚庵烧"；其他做法相似的料理则叫做"幽庵烧"或"佑庵烧"。这里以柳橙和柠檬皮末代替柚子，可以呈现出不同的风味。

日式烧肉腌酱

用途：除了作为肉片的腌酱，也可以拿来蘸烤好的肉片。

材料

味酥2大匙、蜂蜜1大匙、白芝麻1/4小匙、日式酱油1/2大匙、白萝卜泥2大匙

做法

将上述所有材料混合拌匀即可。

韩式烤肉酱

用途：可作为肉蘸酱。

材料

白芝麻1大匙、韩国辣椒粉100克、韩国味噌2大匙、番茄酱2大匙、醋1中匙、果糖1大匙、糯米水150克

做法

1. 将白芝麻以小火拌炒过盛出，再用菜刀以切剁方式让白芝麻的香气溢出后，放入容器内。
2. 依次将韩国辣椒粉、韩国味噌、番茄酱、醋、果糖、糯米水放入做法1的容器内，一起搅拌均匀即可。

韩式辣味烤肉酱

用途：适合作为牛、羊、猪肉及海鲜的烤肉蘸酱，味道非常鲜美。

材料

苹果1个、洋葱1/2个、蒜头80克、韩国辣椒酱100克、细辣椒粉5克、蜂蜜120克、味醂100毫升、细砂糖50克、盐10克、凉开水100毫升

做法

1. 将苹果洗净去皮、去籽；洋葱去皮洗净，连同蒜头、凉开水用果汁机打成泥，备用。
2. 取一锅，将做法1的果泥倒入锅中，再加入其余材料拌匀煮至沸腾即可。

沙嗲酱

用途：制作东南亚风味烤肉。

材料

酱油1/2大匙、沙茶酱1大匙、咖喱粉1/2大匙、花生粉1大匙、茴香粉1/2小匙、细砂糖1/2大匙

做法

将上述所有材料混合搅拌均匀即可。

拌冷面酱

用途：作为各式冷面的拌酱。

材料
酱油50毫升、辣椒粉（中粗）1大匙、辣椒粉1大匙、白砂糖1.5大匙、葱末2大匙、姜汁1大匙、蒜末1大匙、猕猴桃1个、香油2大匙、熟白芝麻适量

做法
猕猴桃去皮磨成泥，与其余材料一起拌匀即可。

注：材料中的猕猴桃泥，也可用苹果泥、梨泥代替。

拌面酱

荞麦凉面汁

用途：除了拌凉面用，也可淋在豆腐或凉拌蔬菜上。

材料
A. 柴鱼高汤100毫升、酱油20毫升、味醂20毫升
B. 柴鱼片10克

做法
将材料A煮开，放入柴鱼片以小火煮一会儿，熄火，待柴鱼片自然沉入锅底，即可过滤、放凉冷藏。

注：柴鱼高汤做法见P183。

示范料理 荞麦冷面

材料
荞麦面80克、海苔适量、葱花适量、绿芥末适量、七味粉适量、荞麦凉面汁适量

做法
1. 荞麦面煮熟后用冰水冲洗，使面条降温并冲去面条的黏液与涩味。
2. 将荞麦面盛盘后撒上海苔，再将荞麦凉面汁装入深底小杯中，依个人喜好酌情加入葱花、绿芥末及七味粉拌匀，食用时手拿杯子，再夹取荞麦面蘸上酱汁一同享用即可。

日式凉面酱

用途：用作日式凉面或水煮
面线的蘸酱。

材料

和风酱油4大匙、凉开水120
毫升、味醂1.5大匙

做法

将上述所有材料混合拌匀
即可。

注：吃日式凉面的时候除了
配上这种蘸料，还可以加
上芥末、葱花和海苔细
片一起享用，更为美味。

示范料理 山药细面

材料
荞麦面100克、山药100
克、干海带芽3克、芦笋1
根、罐头玉米粒20克、姜
泥适量、日式凉面酱适量

做法
1. 将荞麦面放入滚水中煮至熟后，捞起以冷水冲除淀粉质并冲至
   完全冷却，再沥干水分盛入盘中备用。
2. 山药洗净去皮切薄片，再切成细面；干海带芽泡入水中还原，
   沥干水分，再放入滚水中过水后立即捞起备用；芦笋放入滚水
   中氽烫，再捞起冲冷水至完全冷却，切成段备用。
3. 将山药、干海带芽、芦笋、玉米粒、姜泥放在细面上，再倒入
   日式凉面酱即可。

石锅拌饭酱

用途：作为烤肉与菜叶包裹的酱料。

材料

韩式辣椒酱50克、淡口酱油1大匙、味噌30克、姜汁1小匙、蒜泥1小匙、香油1大匙、熟白芝麻1大匙

做法

将上述全部材料混合拌匀即可。

示范料理 **石锅拌饭**

材料

A. 牛肉泥150克、高汤1大匙、酱油3大匙、酒1大匙、白砂糖2大匙、蒜泥适量、胡椒适量、香油1大匙

B. 菠菜100克、盐适量、香油适量、熟白芝麻适量

C. 黄豆芽100克、盐适量、蒜泥适量、胡椒粉适量、香油适量、熟白芝麻适量

D. 胡萝卜100克、盐适量、胡椒粉适量、香油适量、熟白芝麻适量

E. 白萝卜1/2条、泡菜腌酱1小匙、醋1/2大匙、蜂蜜1/2大匙、盐适量

F. 鸡蛋1个、米饭适量、香油适量、石锅拌饭酱

做法

1. 热锅，将牛肉泥炒至变色，依次加入材料A的白砂糖、酱油、高汤、蒜泥、胡椒、香油、酒，拌炒至收汁备用。

2. 菠菜汆烫后，泡入冷水，充分沥干后切段，再沥干水分，与其余材料B混合拌匀。

3. 黄豆芽放入滚水中煮熟，过滤水分，加入材料C的盐调味，拌入蒜泥，淋上香油、胡椒粉略拌后，撒上熟白芝麻备用。

4. 胡萝卜洗净去皮切成细丝，放入滚水略汆烫，浸泡冷水，沥干水分，与材料D的盐、胡椒粉调味，再与香油拌匀，撒上熟白芝麻拌匀备用。

5. 白萝卜洗净去皮切丝，撒盐腌渍10分钟，沥去水分，与材料E的泡菜腌酱、蜂蜜、醋腌拌均匀备用。

6. 将石锅涂上一层香油，盛入米饭，放入上述处理过的拌菜，再放入鸡蛋，以小火烧至锅巴附着，离火前淋上适量香油即可。食用时，拌入石锅拌饭酱。

韩式辣椒酱①

用途：韩式辣椒酱是很多韩式料理的基料，口感偏咸，颜色深红，不论是炒、拌或蘸都很适合。

材料

A. 韩国辣椒粉100克、开水200毫升
B. 洋葱100克、蒜泥50克、姜末30克、细味噌140克、苹果泥100克、松子仁50克、熟芝麻50克

调味料

A. 色拉油200毫升、香油100毫升
B. 盐1小匙、鸡精1大匙、白砂糖3大匙、柠檬汁30毫升、酱油50毫升

做法

1. 将材料A搅拌均匀，即为辣椒糊，备用。
2. 洋葱洗净切小丁；松子仁洗净切细末备用。
3. 热锅，倒入色拉油与香油烧热，放入洋葱丁及蒜泥以小火炒香，再加入辣椒糊及松子仁末、细味噌、姜末以小火炒散。
4. 炒约4分钟后，加入调味料B及苹果泥，继续以小火慢炒约5分钟，最后加入熟芝麻炒匀即可。

示范料理 **韩式辣拌面**

材料

火锅肉片120克、小黄瓜2根、银丝细面适量、熟白芝麻适量、韩式泡菜适量

调味料

A. 韩式辣椒酱20克、白砂糖10克、香油5毫升、白醋5毫升
B. 酱油12毫升、酒12毫升、糖8克
C. 盐3克、香油5毫升

做法

1. 热一锅倒入适量油（材料外），放入火锅肉片与调味料B拌匀炒熟，备用。
2. 小黄瓜切薄片与盐拌匀腌至软后，以冷水洗净，加入香油拌匀。
3. 银丝细面放入沸水中煮软，捞出用凉开水洗去黏液，加入调味料A拌匀。
4. 在银丝细面中加入熟白芝麻、韩式泡菜、大锅肉片及小黄瓜片即可。

寿司醋

用途：专用于做寿司饭。

材料

醋100毫升、盐22克、细砂糖50克

做法

将醋、盐、糖放入锅中，以中火煮至糖溶解后，放凉即可。

好吃的寿司饭做法

做法

1. 将适量米煮成米饭，趁热盛到大盆中（因为热的饭在拌醋时才能入味）。

2. 调制寿司醋，按照1杯米配25毫升寿司醋的比例倒入寿司醋。

3. 将饭勺以平行角度切入饭中翻搅，让饭充分吸收醋味。

4. 待醋味充分浸入后，将米饭用扇子扇凉冷却即可。

示范料理 太卷

材料

A. 干瓢煮2条、香菇煮3朵、厚蛋烧(1.5厘米宽)1条、鸭儿芹适量、蒲烧鳗1/2条、寿司饭适量、海苔(大)1.5片、寿司卷帘1个

B. 鸡蛋3个、蛋黄2个、盐适量、色拉油适量

做法

1. 将鸭儿芹洗净，放入滚水中氽烫后，泡冷水备用。

2. 香菇煮切丝备用；蒲烧鳗切成1.5厘米宽的长条备用。

3. 将材料B中的3个鸡蛋、2个蛋黄加入适量盐，打散成蛋液，热油锅，煎成2张薄蛋皮备用。

4. 将蛋皮铺在寿司卷帘上，将香菇煮丝、厚蛋烧、鸭儿芹、干瓢煮排在蛋皮上，然后卷成蛋皮卷备用。

5. 将海苔光滑的一面朝下铺在卷帘上，前端预留1厘米，其余部分平铺一层寿司饭，将蛋皮卷摆上，一同卷成寿司卷即可。

细面蘸汁

用途：可淋于温泉蛋、芝麻豆腐、蛋豆腐等小
菜上。

材料

A. 柴鱼高汤100毫升、淡口酱油15毫升、味
   酥15毫升
B. 柴鱼片10克

做法

将材料A煮开，放入柴鱼片以小火煮一会儿，
待柴鱼片下沉，过滤、放凉冷藏即可。

注：柴鱼高汤做法见P183。

日式炒面酱

用途：炒蔬菜、米粉、面皆可。

材料

猪排盖饭汁2大匙、蚝油1/2大匙、醋1大匙、
米酒1小匙

做法

将上述所有材料混合调和均匀即可。

注：猪排盖饭汁做法见P199。

山葵酱

用途：除了拌凉面，还能拿来蘸肉类、海鲜，
做沙拉、拌山药。

材料

鲣鱼酱油20毫升、日本山葵酱1小匙、柴鱼高
汤40毫升、盐1/4匙、细砂糖1/4匙

做法

取一碗，将上述所有材料放入混合拌匀即可。

注：柴鱼高汤做法见P183。

泰式青酱

用途：可作为蘸酱、淋酱，或拌面。

材料
A. 红辣椒1个、红葱头3颗、蒜头3瓣
B. 罗勒20克、薄荷叶20克
C. 鱼露2大匙、果糖1大匙、柠檬汁适量

做法
将材料A放入果汁机搅打成泥后，加入材料B一起搅打，再加入材料C拌匀即可。

东南亚红咖喱酱

用途：此酱带点辣味，适合做各式咖喱料理，用法跟一般咖喱酱相似。

材料
东南亚咖喱粉1大匙、红辣椒末1大匙、蒜末1/4小匙、红葱头末1/4小匙、香菜末1/2大匙、高汤300毫升

做法
1. 取锅，加入适量橄榄油（材料外），加入所有材料炒香（除高汤外）。
2. 加入高汤，开小火熬煮约10分钟后熄火，放凉后倒入果汁机中打匀即可。

素食咖喱酱

用途：拌饭、拌面，或蘸面包。

材料
苹果1个、西芹200克、土豆300克、胡萝卜100克、香蕉300克、咖喱粉4大匙、橄榄油2大匙、水1000毫升、盐1小匙

做法
1. 苹果、土豆、胡萝卜洗净去皮切小块，香蕉去皮切小块，西芹洗净切小块，开小火，用橄榄油炒香咖喱粉，炒出香味之后再加入西芹块、胡萝卜块、苹果块。
2. 炒匀后再加入土豆块、香蕉块，加水至淹过所有材料，小火熬煮约20分钟至蔬菜软烂，加入盐调味。
3. 所有材料放凉之后，分次用果汁机打碎即可。

蘸酱

天妇罗蘸酱汁

用途：除了蘸食炸物，也可淋于扬出
豆腐上。

材料

柴鱼高汤150毫升、酱油25毫
升、味酥25毫升

做法

将上述所有材料混合煮开即可。

注：柴鱼高汤做法见P183。

示范料理 **天妇罗**

材料

鲜虾6只、红甜椒1/2个、鸭儿芹叶1
片、白萝卜泥适量、姜泥适量、天妇罗
蘸酱汁适量

面衣材料

冷水150毫升、蛋黄1个、低筋面粉
100克

做法

1. 冷水中先加入蛋黄打散后，再加入低
   筋面粉轻轻搅拌（不需搅拌得很均
   匀），调和成流状的面衣备用。

2. 虾洗净，去头后除去肠泥，剥除虾
   壳与尾部的剑形尖刺（保留尾壳），
   用纸巾擦干，再用刀刮除尾壳上含有
   水分的黑色薄膜，接着在虾腹处斜划
   3～4刀，按压虾背使虾筋断开（听
   到"嘎啦"声即可），虾身拉长，便
   能炸出笔直不弯曲的炸虾。

3. 将做法2的材料先沾上薄薄一层低筋
   面粉（材料外），再裹上面衣，放
   入180℃的油锅中炸至酥脆，捞起
   沥干油分。

4. 红甜椒切半去籽，入油锅略炸后捞
   起；再将鸭儿芹叶的其中一面沾低筋
   面粉（材料外），裹上面衣，放入油
   锅炸酥，即可与炸虾一同摆盘。

5. 食用时，将白萝卜泥与姜泥拌入天
   妇罗蘸酱汁即可。

芝麻蘸酱

用途：可作为锅物蘸酱，亦可作为蘸面汁。

材料

芝麻酱50克、淡口酱油18毫升、橙醋36毫升、米酒18毫升、味醂27克、甜面酱1/2小匙、辣椒酱1/2大匙

做法

将辣椒酱用筛网过滤，取辣椒汁与其他材料混合搅拌均匀即可。

蛋黄酱蘸酱

用途：除了作为蘸酱，也可作为拌酱用。

材料

蛋黄酱（日式口味）100克、黄芥末酱60克、温泉蛋黄2个、柠檬汁1/2大匙

做法

将上述所有材料混合拌匀即可。

注：温泉蛋是水煮蛋的一种，蛋黄呈半熟状态。

辛辣蘸酱

用途：作为锅物蘸酱。

材料

酱油2大匙、辣油1小匙、芝麻油1小匙、醋1大匙、细砂糖1/2大匙

做法

将上述所有材料混合调和均匀即可。

可乐饼咖喱蘸酱

用途：可作为炸鸡、鱼排、猪排的蘸酱。

材料

柴鱼高汤120毫升、洋葱1/4个、黄油1大匙、低筋面粉1大匙、咖喱粉1大匙、淡奶油25毫升、盐适量、胡椒适量

做法

1. 黄油入锅加热至融化，洋葱切洗净碎末，入锅充分炒软后，加入低筋面粉、咖喱粉，炒至与黄油融合。
2. 倒入柴鱼高汤慢慢融合均匀后，加入淡奶油调和，最后加入盐、胡椒调味即可。

注：柴鱼高汤做法见P183。

可乐饼西红柿蘸酱

用途：除了作为蘸酱，也可作为涂酱。

材料

番茄酱1大匙、猪排蘸酱1大匙、淡奶油1/2大匙

做法

将上述所有材料混合拌匀即可。

什锦煎饼淋酱

用途：可作为汉堡酱、可乐饼蘸酱，也可作为章鱼烧的淋酱。

材料

猪排蘸酱3大匙、蛋黄酱1大匙、黄芥末酱1.5小匙

做法

将上述所有材料混合拌匀即可。

土佐酱油

用途：为生鱼片的基本蘸酱。

材料

A. 酱油200毫升、酱油膏10克、米酒100毫升、味酥10毫升
B. 昆布15克、柴鱼片15克

做法

先将米酒和味酥煮开去酒精，不然有苦味，再与其余材料A混合后加入昆布，煮开关火。最后加入柴鱼片，待冷却后过滤即可。

姜汁酱油

用途：适用于口味较重的生鱼片，如青花鱼、鲣鱼、竹荚鱼、沙丁鱼等青银背鱼类。

材料

土佐酱油、姜泥各适量

做法

在土佐酱油中加入适量姜泥即可。
注：土佐酱油做法见P221。

蛋黄酱油

用途：用于墨鱼、金枪鱼的生鱼片。

材料

土佐酱油40毫升、生蛋黄1个

做法

在土佐酱油里加入生蛋黄即可。
注：土佐酱油做法见P221。

花生酱油

用途：浓郁的花生酱油最适合鲍鱼贝类食材，
吃起来更加滑顺美味。

材料

土佐酱油40毫升、原味花生酱1大匙

做法

在土佐酱油中加入花生酱，混合拌匀即可。

注：土佐酱油做法见P221。

烧肉蘸酱

用途：蘸烤肉、腌肉。

材料

A. 柴鱼高汤（或水）20毫升、淡口酱油100
   毫升、米酒20毫升、白砂糖45克
B. 黄柠檬2片、柳橙2片

做法

1. 将材料A倒入锅中煮至糖溶化，冷却备用。
2. 在做法1的材料中放入黄柠檬片、柳橙片，
   浸泡至口感清爽、香气淡雅即可。

注：1. 可依个人喜好加入蒜泥、葱花、芝麻等。
    2. 柴鱼高汤做法见P183。

酸甜酱

用途：一般作为油炸物蘸酱。

材料

甜酱油3大匙、果糖1.5大匙、柠檬汁1.5大
匙、红辣椒末1小匙、蒜头末1小匙、红葱末1
小匙

做法

将上述所有材料混合拌匀即可。

梅肉酱油

用途：用于白肉鱼、明虾、甜虾、章鱼等口味
较淡的生鱼片。

材料
土佐酱油、梅肉酱各适量

做法
在土佐酱油中加入适量的梅肉酱即可。
注：土佐酱油做法见P221。

和风烧肉酱

用途：作为烧肉的蘸酱。

材料
酱油100毫升、酱油膏45克、鲜味露20毫
升、味醂100毫升、辣椒酱20克、红味噌30
克、白味噌30克、葱2根、姜1小块、麦芽20
克、白砂糖30克、蜂蜜20毫升

做法
1. 将葱洗净烤过；姜洗净切片，备用。
2. 将蜂蜜以外的所有材料混合，以小火煮，
   并充分搅拌，煮至浓稠后加入蜂蜜搅拌均
   匀即可。

和风梅肉酱

用途：可包在越南春卷中，也可作为蘸酱。

材料
梅肉泥20克、酱油6毫升、味醂6毫升、细柴
鱼片5克

做法
取一碗，将上述所有材料依序放入碗中拌匀
即可。

梅子蘸酱

用途：可用于搭配油炸食物，如虾饼、鱼饼、
春卷等。

材料

紫苏梅肉1.5小匙、鱼露1/2小匙、醋1大匙、
果糖1大匙、蜂蜜1小匙、姜汁1小匙

做法

将上述所有材料混合调和均匀即可。

芝麻盐

用途：可用于烧肉或炸物蘸酱。

材料

黑胡椒粒3克、盐13克、香蒜粉7克、熟白芝
麻100克

做法

先将熟白芝麻研磨，然后加入黑胡椒粒研磨，
再依次加入盐、香蒜粉研磨拌匀即可。

药念酱

用途：除了作为蘸酱，还可以拌甜不辣、鱼板
及烫熟的鱼块。

材料

淡口酱油100毫升、味醂2大匙、辣椒粉（中
粗）2大匙、蒜末1大匙

做法

将蒜末与辣椒粉混合，加入淡口酱油、味醂搅
拌均匀即可。

注：可依个人喜好加入蒜泥、葱花、姜、胡
椒、芝麻等辛香材料调拌。

萝卜泥醋

用途：可作为生蚝、生牛肉、涮牛肉、原味铁
　　　板牛肉的蘸酱。

材料

橙醋50毫升、萝卜泥20克

做法

萝卜泥中淋入橙醋即可。

海鲜煎饼蘸酱

用途：可作为韩式海鲜煎饼蘸酱。

材料

A1酱1小匙、酱油膏1大匙、番茄酱1小匙、白
砂糖1大匙、开水1大匙

做法

将上述所有材料一起拌匀即可。

韩式辣椒酱②

用途：除了作为蘸酱，还可用于石锅拌饭、辣
　　　炒年糕、炒饭、拌冷面等。

材料

A. 糯米粉60克、水50毫升
B. 味噌50克、细砂糖20克、辣椒粉20克
C. 醋1/2小匙、米酒1/2小匙、盐1/2小匙

做法

1. 将材料B混合拌匀备用。
2. 将糯米粉与水混合揉拌成团，分成2等份后
　 压扁平。
3. 烧开一锅水，把扁平面团一一放入煮至浮
　 起，继续煮2分钟后捞起，趁热加入做法1
　 的材料，充分搅拌后再加入材料C，搅拌均
　 匀即可。

注：做好的辣椒酱要装入干净密闭的容器中。
　　刚做好的韩式辣椒酱呈红色，发酵时间愈
　　久颜色愈深，味道愈香醇。

韩式麻辣锅蘸酱

用途：作为韩式铜盘烤肉或麻辣锅的蘸酱。

材料

花生粉1/2小匙、辣椒粉适量、辣油1小匙、酱油1大匙、韭菜末1大匙、炼乳1大匙、白砂糖1/2小匙

做法

将上述所有材料混合搅拌均匀即可。

泰式酸辣锅蘸酱

用途：可作为泰式酸辣锅蘸酱，也可以炒菜。

材料

泰式鱼露1大匙、柠檬汁1大匙、沙嗲酱1大匙、碎虾米适量、花生末1/4小匙、红辣椒末1/4小匙、细砂糖1/4小匙、酱油1小匙

做法

1. 碎虾米略洗后，入滚水中氽烫一下后取出。
2. 将碎虾米与其他材料搅拌均匀即可。
注：碎虾米也可放入干锅中以小火炒香。

越式辣椒酱

用途：用于调制各式蘸酱或加入菜肴中。

材料

红辣椒3个、蒜头5瓣、黄豆瓣1大匙、凉开水4大匙、盐1/2小匙、白砂糖1大匙

做法

将上述所有材料放入料理机中搅拌均匀即可。

越式酸辣甜酱

用途：炒菜、拌沙拉或拌米饭都很美味。

材料

凉开水2大匙、鱼露3大匙、红辣椒5个、蒜头5瓣、白砂糖4大匙、柠檬汁2大匙

做法

将上述所有材料放入果汁机搅拌均匀即可。

越式基本鱼露蘸酱

用途：为越南餐桌上必备基本酱料，适合蘸各种菜肴。

材料

鱼露3大匙、红辣椒1个

做法

将红辣椒切碎，加入鱼露搅拌均匀即可。

鱼露姜汁蘸酱

用途：用作海鲜的蘸酱，或用于蔬菜或肉类蒸煮料理。

材料

凉开水1大匙、鱼露2大匙、白砂糖1.5大匙、柠檬汁2大匙、姜1小块、蒜头2瓣

做法

姜去皮切细末，蒜头洗净切碎，与砂糖、鱼露、凉开水调和拌匀，最后加入柠檬汁调味即可。

日韩东南亚酱料篇 · 蘸酱

鱼露酱

用途：可以蘸食各种肉品，具有极佳的提味作用。

材料
鱼露2大匙、柠檬汁1大匙、细砂糖2小匙、红辣椒1个、蒜泥1小匙、柠檬片3小片

做法
1. 将红辣椒洗净切碎。
2. 将鱼露、柠檬汁、细砂糖、红辣椒碎、蒜泥、柠檬片放入碗中，混合拌匀即可。

海南鸡酱

用途：蘸食鸡肉，可使鸡肉变得更滑嫩香浓。

材料
酱油2大匙、醋1小匙、粒味噌1/2大匙、红辣椒1个、姜1小块、蒜头1瓣、砂糖1大匙

做法
姜去皮切片，与其余材料一起放入果汁机里搅打均匀即可。

香茅蘸酱

用途：适合蘸食各种肉类料理。

材料
冷冻香茅50克、鱼露1大匙、细砂糖2大匙、泰式蚝油1大匙、凉开水3大匙

做法
1. 将冷冻香茅切碎。
2. 将香茅碎、凉开水、鱼露、细砂糖、泰式蚝油放入碗中，混合拌匀即可。

虾酱辣味酱

用途：用于煮汤面、炒菜、炒饭、蘸炸物，为东南亚地区常用的一种蘸酱。

材料

虾酱2大匙、白砂糖1大匙、红辣椒1个、柠檬1/2个

做法

先将柠檬挤汁，虾酱里放入白砂糖、柠檬汁和切细的辣椒混合拌匀即可。

南匹巴杜酱

用途：用于炒饭、沙拉、凉拌或作为蘸酱。

材料

A. 秋刀鱼2条
B. 红辣椒1个、红葱头2颗、葱1根、蒜头4瓣、香茅2根
C. 虾酱2大匙、鱼露1大匙、椰子糖1大匙、柠檬汁2大匙

做法

1. 将秋刀鱼烤熟后去骨，备用。
2. 材料B打成泥，加入秋刀鱼肉，继续打成泥，再加入材料C搅拌均匀即可。

春卷蘸酱

用途：主要用来蘸越式春卷。

材料

醋1大匙、鱼露1大匙、红辣椒丝适量、蜂蜜1小匙

做法

将上述所有材料混合拌匀即可。

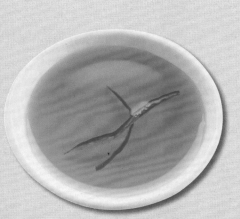

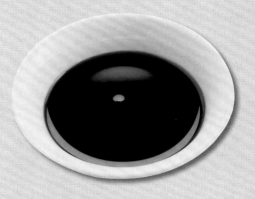

海带酱

用途：蘸油炸食物、青菜，或做汤底。

材料

海带干1/2条、酱油1/3杯、水3杯、白砂糖2大匙、白胡椒粉适量、盐适量

做法

1. 将海带干洗净切段，与水一起用中火煮15分钟备用。
2. 加入酱油、白胡椒粉、白砂糖、盐，改小火煮至收干约成1/3杯量后，熄火过滤掉海带即可。

黑糖蜜汁

用途：可作为水果的蘸酱汁，如木瓜、番石榴或作为冷盘的酱汁，有调和水果酸的效果，使水果变得更加美味。

材料

水2大匙、鱼露1/2大匙、黑糖4大匙、柠檬汁数滴

做法

将黑糖与水、柠檬汁小火煮至浓稠后熄火，加入鱼露轻轻调匀即可。

花生蘸酱

用途：可直接淋、拌、蘸于各式料理上。

材料

A. 红辣椒1个、红葱头2颗、蒜头2瓣
B. 味噌1大匙、花生酱1大匙、甜面酱1大匙
C. 水100毫升、色拉油1大匙、花生仁适量
D. 鱼露1/2大匙、白砂糖3/4大匙

做法

1. 红葱头、蒜头洗净切片，花生仁切碎，备用。
2. 锅中加入色拉油烧热，放入材料A炒出香味后，加入材料B搅拌均匀，加入材料C的水调和煮开后，加入材料D调味。
3. 撒入花生仁碎即可。

酱料的调味魔法师———味噌

★辛口—甘口

所谓辛口，就是比较咸的味噌；甘口，就是味道比较淡、比较甜的味噌。制作味噌的时候，原料比例往往因人而异。如果麹的比例比较大，就会制作出比较甘口的味噌；如果盐的比例较大，成品就比较辛口。一般来说，关东或者比较寒冷的地方，都习惯重口味，制作出来的味噌也比较咸。这种味噌的代表，就是鼎鼎有名的"信州味噌"。而关西或者较温暖的地方，饮食清淡，味噌的口味也比较淡，较具代表性的是关西的白味噌及九州味噌。

味噌以黄豆为主原料，再加上不同的种麹制作而成，这也是味噌有不同口味的原因。大致上来说味噌可分为米味噌、麦味噌、豆味噌及调和味噌。

(1) 米味噌：主要是米麹加上黄豆和盐混合而成。

(2) 麦味噌：主要是麦麹加上黄豆和盐混合而成。

(3) 豆味噌：主要是豆麹加上黄豆和盐混合而成。

(4) 调和味噌：混合两种以上的麹、黄豆及盐制成。

★赤色—淡色

从字面上就可以知道，赤色味噌颜色较深，有点偏红；淡色味噌颜色较淡，呈淡黄色。一般人认为颜色较深的味噌，味道一定比较咸，而淡色味噌就比较淡，其实并非如此。因为影响味噌颜色深浅的要素，最主要是制曲时间的长短。制曲时间长，颜色就深；时间短，颜色就淡。通常关东人的制曲时间比较长，所以他们的辛口味噌，大部分颜色都比较深；相反，关西人习惯较短的制曲时间，他们制作出来的味噌颜色就比较淡，因此，颜色深浅和咸淡没有直接关系。在赤色味噌里，较具代表的是"仙台味噌"。

除了以上区别，一般味噌还有颗粒粗细之分，也就是在发酵前研磨的程度不同，可以根据自己的口感喜好加以选择。

抄下以下味噌的名称和它们的特性，直接到超级市场对照着购买，也很方便。

● 白味噌（米味噌、色白味甘）

● 江户甘味噌（米味噌、赤色甘口）

● 仙台味噌（米味噌、赤色辛口）

● 信州味噌（米味噌、淡色辛口）

● 越后味噌（米味噌、赤色辛口）

● 麦味噌（淡色及赤色、甘口、辛口）

● 豆味噌（赤褐色、辛口）

龙田扬腌汁

用途：常用于有牛肉、鸡肉或鱼肉的料理中。

材料

酱油40毫升、米酒30毫升、味酥20毫升、盐适量、姜泥1大匙

做法

将上述所有材料混合调和均匀即可。

注："龙田"是指一种将材料腌至入味后酥炸的方式。具体做法为将食材的腌汁沥干后，蘸涂粉类(淀粉或低筋面粉)，再炸熟、炸酥。

烧肉味噌腌酱

用途：可作为鸡肉、墨鱼、猪肉的腌酱。

材料

水25毫升、淡口酱油50毫升、米酒20毫升、味噌25克、白砂糖35克、辣椒粉（中粗）1小匙、辣椒粉1.5小匙、姜汁1/2大匙、蒜泥1大匙

做法

将上述所有材料混合煮开后，以小火再煮3分钟，并不时搅动避免煮焦即可。

味噌腌床

用途：可利用味噌的芳香风味作为腌床，再做烧烤的料理。可用于油鱼、白北鱼、三文鱼、牛肉、鲳鱼、鲷鱼、鳕鱼等烧烤料理。

材料

味噌300克、米酒75毫升、细砂糖100克、姜泥15克

做法

将上述所有材料混合调和均匀即可。